改訂
実践に役立つ

栄養指導事例集

井川聡子
斎藤トシ子
廣田直子 編著

理工図書

編集者

井川聡子　　茨城キリスト教大学 名誉教授
斎藤トシ子　新潟医療福祉大学 名誉教授
廣田直子　　松本大学大学院 健康科学研究科 教授

執筆者

Ⅰ 個別栄養指導編

概要	井川聡子	茨城キリスト教大学 名誉教授
Chapter 1	鈴木薫子	(株)日立製作所 日立総合病院 栄養科 臨床栄養係 主任
Chapter 2	島田尚子	元長野県県民文化部こども・家庭課 保育専門指導員
	飯田光子	長野県県民文化部こども若者局こども・家庭課 保育専門推進員
	廣田直子	松本大学大学院 健康科学研究科 教授
Chapter 3	井川聡子	茨城キリスト教大学 名誉教授
Chapter 4	石川祐一	茨城キリスト教大学 生活科学部 食物健康科学科 教授
Chapter 5	永井　徹	新潟医療福祉大学 健康科学部 健康栄養学科 教授
Chapter 6	永井　徹	新潟医療福祉大学 健康科学部 健康栄養学科 教授
Chapter 7	井川聡子	茨城キリスト教大学 名誉教授

Ⅱ 集団栄養指導編

概要	斎藤トシ子	新潟医療福祉大学 名誉教授
Chapter 1	鈴木久恵	日立市役所 保健福祉部 健康づくり推進課
Chapter 2	鈴木久恵	日立市役所 保健福祉部 健康づくり推進課
Chapter 3	齊藤公二	新潟市立桃山小学校 栄養教諭
Chapter 4	斎藤トシ子	新潟医療福祉大学 名誉教授
Chapter 5	佐藤晶子	新潟医療福祉大学 健康科学部 健康スポーツ学科 准教授
Chapter 6	小林泉江	公益財団法人長野県健康づくり事業団 事業部 健診・健康づくり課 健康づくり係　係長・管理栄養士
Chapter 7	斎藤トシ子	新潟医療福祉大学 名誉教授
Chapter 8	髙橋洋平	JA新潟厚生連 上越総合病院 栄養科
Chapter 9	北林　紘	医療法人新光会 村上記念病院
Chapter 10	廣田直子	松本大学大学院 健康科学研究科 教授

改訂にあたって

　本書は、管理栄養士・栄養士をめざす学生の皆さんが実際の栄養教育・栄養指導場面等をイメージして、指導の在り方・進め方に関する理解を深め、指導技術の修得を図ることを目的として制作し、2017年に初版を出版いたしました。個人指導（7テーマ）、集団指導（10テーマ）に分け、テーマごとに指導案の事例を示し、さらに行動変容技法やカウンセリング技法の活用例、指導効果を高めるための教材例等を掲載したことにより、学生・教員双方にとってわかりやすく、実践に役立つ教科書として多くの管理栄養士・栄養士養成施設でご採用いただき、ご好評を得ております。

　初版から5年が経過し、この間、本書で出典として活用している栄養ケアプロセス、日本人の食事摂取基準、日本食品標準成分表、ならびに各種疾病の診療ガイドライン等が改訂されております。

　そこで今回、それらの改訂をふまえつつ、より一層の内容の充実を図るために、指導案の内容や教材・資料等について全体的な見直し・修正を行いました。特に、集団栄養指導編の第3章、第5章、第10章については、指導の流れや要点がよりわかりやすいように指導案の内容を改訂し、それに伴い、教材・資料の入れ替えも行いました。

　引き続き、本書が管理栄養士・栄養士の養成に広く活用され、専門職を目指す学生の皆さんの実践力の向上に寄与することを願っております。

2022年12月

編者一同

はじめに

　超高齢社会が進展し続けている我が国では、生涯を通じた健康づくり・食育の推進により、人々の健康寿命の延伸、QOLの向上を図ることが重要課題となっています。このような現状において、管理栄養士・栄養士が実施する「栄養教育」が担う役割は極めて大きいと言えます。

　栄養教育は、学校、病院、社会福祉施設、企業、行政機関、地域等において、多様な対象に対して行われます。実施に際しては、対象者の身体・栄養素等摂取状況、食行動等の実態把握、問題点の抽出、課題の明確化を的確に行ない、それらをふまえた栄養教育計画の作成・実施・評価が重要です。

　したがって、学生教育においては、そうした栄養教育マネジメントに必要な理論や方法を十分に修得させ、実践に結びつける力を育成する必要があります。

　管理栄養士養成課程における「栄養教育論」の教育内容・目標については、管理栄養士・栄養士養成施設カリキュラム等に関する検討会報告書（厚生労働省）、モデル・コアカリキュラム2015（日本栄養改善学会）、管理栄養士国家試験出題基準（厚生労働省）に示されており、教科書の作成はそれらの内容に沿って行われています。しかし、栄養教育マネジメントの方法やスキルを習得する上で重要と思われる栄養指導プログラムや指導案の事例については、残念ながら、既版の教科書では全体的に掲載が少なく、内容も概要的なものが多いように見受けられます。

　指導経験がない学生にとって、指導の実際をイメージしやすい指導事例があれば、理論や技法の活用力の育成に極めて有効と思われます。また、教育者にとっても、より具体的な教育の展開が可能になります。

　本書は、学生の栄養教育マネジメント力の育成をねらい、個人栄養指導7テーマ、集団栄養指導10テーマを取り上げ、養成施設の大学の教員および実際に各職域で栄養教育に従事されている管理栄養士との連携のもとに作成した栄養指導事例集です。

　個別栄養指導では、栄養管理の国際標準的なマネジメントシステムとして活用され始めた栄養ケアプロセス（NCP）をふまえ、各プログラムに「栄養の判定」を取り入れました。また、学生が行動変容段階に応じた働きかけ及び行動変容技法、カウンセリング技法の活用のあり方を掴めるよう、具体的記載に努めました。集団栄養指導では、対象集団の課題の抽出、目標設定、評価指標及び方法の設定等の記載について、学生の理解が深まりやすいよう配慮し、また、実際の指導場面をイメージしやすいようにシナリオ形式の指導案を作成しました。

　本書が管理栄養士・栄養士教育の実践テキストとして多くの学生や教員に有効活用され、専門的実践能力の強化につながることを切に願います。

2017年9月

編者　井川聡子、斎藤トシ子、廣田直子

目　次

「作成フォーマット」　ダウンロードの方法

「理工図書」ホームページより　（1）書籍検索中の書籍タイトルに「実践に役立つ栄養指導事例集」を入力し検索をクリック
（2）追加情報タブをクリック　（3）「作成フォーマット」が表示されますのでクリックしてください。

Ⅰ 個別栄養指導編

個別栄養指導の概要

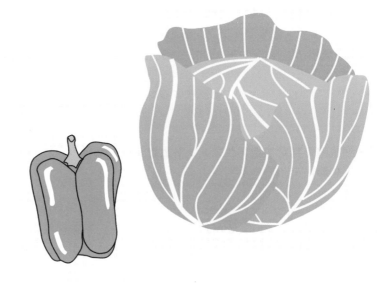

1 個別栄養指導の流れ（栄養ケアプロセス）

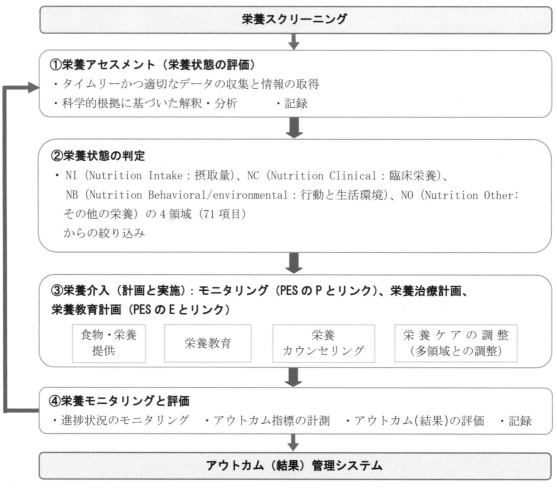

出典）公社 日本栄養士会監訳：国際標準化のための栄養ケアプロセスマニュアル 2012

図1. 栄養ケアプロセス

2 栄養アセスメントに関する留意点 (Chapter1〜7 のアセスメント 参照)

- 臨床診査（栄養に焦点を当てた身体所見、既往歴等）、身体計測、臨床診査（生化学データ等）、栄養・食生活状況、その他の生活習慣等を医学的検査、食事調査、聞き取り等により把握し問題点を抽出する。
- ソーシャルサポートの状況、本人ならびに家族のニーズ等も聞き取り、対象者の困りごとや要望等を把握する。
- 初回面接時に（事前に）把握した内容はアセスメントシートに記載し活用する。
- 面接時に対象者から聞き取りする際は、傾聴や共感等のカウンセリング技法、コーチングスキルを活用し、対象者との信頼関係の構築や良好なコミュニケーションの確立に努める。

3 栄養状態の判定に関する留意点 (Chapter1〜7 のアセスメント 参照)

- 栄養アセスメントに基づき栄養状態の判定を行う。
- NI（摂取量）、NC（臨床栄養）、NB（行動と生活環境）、NO（その他の栄養）の4領域における71種類の国際標準化された用語（表1）から適するコードNoと用語を選択する。
- 簡潔な短文で「PES報告書」を記載する（日本語表記の場合は結論が最後にくるので、S・E・Pの順となる）具体的な記述の方法は以下のとおりである。

「**S（栄養状態を判定するアセスメント上のデータ）** がみられることから、**E（原因や要因）** が原因である、**P（栄養状態）** である」と判定する。

【記載例】
「HbA1c、空腹時血糖値の高値がみられることから、不適切な食物選択が原因である（誘因となった）、炭水化物過剰摂取の状態（NI-5.8.2）である」と判定する。

4 栄養介入 （計画と実施）

　栄養状態の判定とその原因や要因に基づき、対象者のニーズにあわせた栄養介入計画を立て、実施する。
実施に際しては、対象者の行動変容段階を見極め、各段階に応じた指導（はたらきかけ）をする。

（行動変容段階モデルの活用事例）

行動変容段階	指導（はたらきかけ）のポイント【概念】	（○）行動科学の理論/モデル、行動変容技法等（＊）教材
前熟考期 （6か月以内に行動を変える意思がない、やる気がない、指導に抵抗する等の時期）	●行動変容の必要性や重要性に気づいてもらう ・病気や現在の生活習慣に対する考えや気持ちを表現してもらい、その気持ちや考えを受け止める ・さまざまな情報により、新たな学びを提供する【意識の高揚】 　例：検査値から体の状況をイメージし、健康に及ぼす影響を考えることができるよう、「罹患性」や「重大性」の実感を高めてもらう ・不健康行動による結果を思い起こさせ、不安や恐怖の感情を持つことで「このままではいけない」という気持ちを起こさせる【感情的経験】 ・家族や周囲の人に及ぼす影響を考えさせる【環境の再評価】	○栄養カウンセリング技法（ラポール、傾聴、受容、共感等） ＊新たな学びや気づきに役立つ情報（エビデンスに基づくもの） ○「ヘルスビリーフモデル」「計画的行動理論」等
熟考期（関心期） （行動を変えたいと思うが、はっきりしない、大変さや行動に迷いを感じている等の時期）	●行動変容について強い意志を持ってもらう ・自分の生活を振り返り、生活の中で何ができるか、どのようにすればよいか等を学習者自身が考え、行動できるようにする ・行動を変える上で、何が負担・障害になっているかを明らかにしてもらう ・行動変容の自己効力感を高められるようにする ・行動変容は自分自身にとって重要であると認識できるようにする【自己の再評価】	○栄養カウンセリング技法 ○「社会的認知理論」 ○「意思決定バランス」 ○「スモールステップ法」「自己効力感」等
準備期 （1か月以内に行動を変える意思がある、または少しずつ行動を起こし始めている時期）	●行動を起こすという決意を固めてもらう ・「できる」という自信（自己効力感）が高まるよう支援する ・話し合いの上、具体的で達成可能な目標を立ててもらう（目標の設定・目標宣言・行動契約）【自己の解放】 ・行動する理由を書き留めてもらう ・セルフモニタリングの方法を教示する	○栄養カウンセリング技法 ○「自己効力感」 ＊自己効力感尺度票 ○「目標宣言、行動契約」 ＊プランニングシート ○「セルフモニタリング」 ＊セルフモニタリングシート
実行期 （行動を実行して6か月以内、さまざまな課題が生じ、くじけやすい時期） **維持期** （行動を実行して6か月以上経過した時期）	●行動変容の決意がゆるがないようにする ●セルフケア行動の継続、再発予防のために問題解決を図る ・よい変化を強化し、励ます【強化のマネジメント】 ・問題行動を健康的な行動に置き換えられるよう支援する【行動置換】 ・健康行動のきっかけになる先行刺激を増やすよう支援する【刺激統制】 ・行動変容を支えてくれるソーシャルサポートを活用する【援助関係の利用】 ・決意がゆるがないようセルフモニタリングを強化する ・セルフヘルプグループ等を紹介する ・どんな状態で再発しやすいか予測して対処法を考えてもらう ・自分の気持ちや考えを上手に伝えることができるようソーシャルスキルトレーニングを行う ・自分にとってのストレスとそれに対処する方法を考えてもらう	○栄養カウンセリング技法 ＊セルフモニタリングシート ○「オペラント条件付け」 ○「行動置換」 ○「刺激統制」 ○「反応妨害・拮抗」 ○「認知再構成」 ○「ストレスマネジメント」 ○「ソーシャルサポート」 ○「ソーシャルスキルトレーニング」等

5. 栄養モニタリングと評価

　栄養介入計画に沿って実施した栄養ケアによる対象者の行動変容の状況、設定した目標の達成状況等をモニタリング・評価し、栄養ケア計画の修正・継続実施を見極める。最終的に結果目標の達成状況を評価する。

表1　栄養状態判定のコードNoと用語

NI（Nutrition Intake：摂取量）

		「経口摂取や栄養補給を通して摂取するエネルギー・栄養素・液体・生物活性物質に関わることがら」と定義される		
NI-1	エネルギー出納	「実測または推定エネルギー出納の変動」と定義される		
		NI-1.1	エネルギー消費量の亢進	
		NI-1.2	エネルギー消費量不足	
		NI-1.3	エネルギー消費量過剰	
		NI-1.4	エネルギー消費量不足の予測	
		NI-1.5	エネルギー消費量過剰の予測	
NI-2	経口・経腸・静脈栄養補給	「対象者の摂取目標量と比較した実測または推定経口・非経口栄養素補給量」と定義される		
		NI-2.1	経口摂取量不足	
		NI-2.2	経口摂取量過剰	
		NI-2.3	経腸栄養量不足	
		NI-2.4	経腸栄養量過剰	
		NI-2.5	最適でない経腸栄養量	
		NI-2.6	静脈栄養量不足	
		NI-2.7	静脈栄養量過剰	
		NI-2.8	最適でない静脈栄養量	
		NI-2.9	限られた食物摂取	
NI-3	水分摂取	「対象者の摂取目標量と比較した実測または推定水分摂取量」と定義される		
		NI-3.1	水分摂取量不足	
		NI-3.2	水分摂取量過剰	
NI-4	生物活性物質	「単一または複数の機能的食物成分、含有物、栄養補助食品、アルコールを含む生理活性物質の実測または推定摂取量」と定義される		
		NI-4.1	生理活性物質摂取量不足	
		NI-4.2	生理活性物質摂取量過剰	
		NI-4.3	アルコール摂取量過剰	
		「適切量と比較した、ある栄養素群または単一栄養素の実測または推定摂取量」と定義される		
		NI-5.1	栄養素必要量の増大	
		NI-5.2	栄養失調	
		NI-5.3	たんぱく質・エネルギー摂取量不足	
		NI-5.4	栄養素必要量の減少	
		NI-5.5	栄養素摂取のインバランス	
		NI-5.6 脂質とコレステロール	NI-5.6.1	脂質摂取量不足
			NI-5.6.2	脂質摂取量過剰
			NI-5.6.3	脂質の不適切な摂取
		NI-5.7 たんぱく質	NI-5.7.1	たんぱく質摂取量不足
			NI-5.7.2	たんぱく質摂取量過剰
			NI-5.7.3	たんぱく質やアミノ酸の不適切な摂取
		NI-5.8 炭水化物と食物繊維	NI-5.8.1	炭水化物摂取量不足
			NI-5.8.2	炭水化物摂取量過剰
			NI-5.8.3	炭水化物の不適切な摂取
			NI-5.8.4	不規則な炭水化物摂取
			NI-5.8.5	食物繊維摂取量不足
			NI-5.8.6	食物繊維摂取量過剰
		NI-5.9 ビタミン	NI-5.9.1	ビタミン摂取量不足 (1)ビタミンA、(2)ビタミンC、(3)ビタミンD、(4)ビタミンE、(5)ビタミンK、(6)チアミン（ビタミンB_1）、(7)リボフラビン（ビタミンB_2）、(8)ナイアシン、(9)葉酸、(10)ビタミンB_6、(11)ビタミンB_{12}、(12)パントテン酸、(13)ビオチン、(14)その他のビタミン
			NI-5.9.2	ビタミン摂取量過剰 (1)ビタミンA、(2)ビタミンC、(3)ビタミンD、(4)ビタミンE、(5)ビタミンK、(6)チアミン（ビタミンB_1）、(7)リボフラビン（ビタミンB_2）、(8)ナイアシン、(9)葉酸、(10)ビタミンB_6、(11)ビタミンB_{12}、(12)パントテン酸、(13)ビオチン、(14)その他のビタミン
		NI-5.10 ミネラル	NI-5.10.1	ミネラル摂取量不足 (1)カルシウム、(2)クロール、(3)鉄、(4)マグネシウム、(5)カリウム、(6)リン、(7)ナトリウム（食塩）、(8)亜鉛、(9)硫酸塩、(10)フッ化物、(11)銅、(12)ヨウ素、(13)セレン、(14)マンガン、(15)クロム、(16)モリブデン、(17)ホウ素、(18)コバルト、(19)その他のミネラル
			NI-5.10.2	ミネラル摂取量過剰 カルシウム、クロール、鉄、マグネシウム、カリウム、リン、ナトリウム（食塩摂取量過剰）、亜鉛、その他
		NI-5.11 すべての栄養素	NI-5.11.1	最適量に満たない栄養素摂取量の予測
			NI-5.11.2	栄養素摂取量過剰の予測

NC (Nutrition Clinical：臨床栄養)

NC	臨床栄養	「医学的または身体的状況に関連する栄養の所見・問題」と定義される		
		NC-1	機能的項目	「必要栄養量の摂取を阻害・妨害する身体的または機械的機能の変化」と定義される
				NC-1.1　嚥下障害
				NC-1.2　噛み砕き・咀嚼障害
				NC-1.3　授乳困難
				NC-1.4　消化管機能異常
		NC-2	生化学的項目	「治療薬や外科療法あるいは検査値の変化で示される代謝できる栄養素の変化」と定義される
				NC-2.1　栄養素代謝異常
				NC-2.2　栄養関連の臨床検査値異常
				NC-2.3　食物・薬剤の相互作用
				NC-2.4　食物・薬剤の相互作用の予測
		NC-3	体重	「通常または理想体重と比較した、継続した体重あるいは体重変化」と定義される
				NC-3.1　低体重
				NC-3.2　意図しない体重減少
				NC-3.3　過体重・肥満
				NC-3.4　意図しない体重増加

NB (Nutrition Behavioral/environmental：行動と生活環境)

NB	行動と生活環境	「知識、態度、信念、物理的環境、食物の入手や食の安全に関連して認識される栄養所見・問題」と定義される		
		NB-1	知識と信念	「関連して観察・記録された実際の知識と信念」と定義される
				NB-1.1　食物・栄養関連の知識不足
				NB-1.2　食物・栄養関連の話題に対する誤った信念や態度（使用上の注意）
				NB-1.3　食事・ライフスタイル改善への心理的準備不足
				NB-1.4　セルフモニタリングの欠如
				NB-1.5　不規則な食事パターン（摂食障害：過食・拒食）
				NB-1.6　栄養関連の提言に対する遵守の限界
				NB-1.7　不適切な食物選択
		NB-2	身体の活動と機能	「報告・観察・記録された身体活動・セルフケア・食生活の質などの実際の問題点」と定義される
				NB-2.1　身体活動不足
				NB-2.2　身体活動過多
				NB-2.3　セルフケアの管理不能や熱意の不足
				NB-2.4　食物や食事を準備する能力の障害
				NB-2.5　栄養不良における生活の質（NQOL）
				NB-2.6　自発的摂食困難
		NB-3	食の安全と入手	「食の安全や食物・水と栄養関連用品入手の現実問題」と定義される
				NB-3.1　安全でない食物の摂取
				NB-3.2　食物や水の供給制約
				NB-3.3　栄養関連商品の入手困難

NO (Nutrition Other：その他の栄養)

NO	その他の栄養	「摂取量、臨床または行動と生活環境の問題として分類されない栄養学的所見」と定義される		
		NO-1	その他の栄養	「摂取量、臨床または行動と生活環境の問題として分類されない栄養学的所見」と定義される
				NO-1.1　現時点では栄養問題なし

出典）「栄養管理プロセス」第一出版　2018

個別栄養指導の概要

Chapter *1*

妊娠高血圧症候群（HDP）者
への指導

HDP：hypertensive disorders of pregnancy

1-1 栄養アセスメント

- ▨ **作成日** ●年●月●日
- ▨ **相談者氏名** ○○○○　　▨ **性別** 女性　　▨ **年齢** 39歳

分　類	項目と詳細		
臨床診査	里帰り分娩のため妊娠31週（約8か月）で当院初回受診。初めての妊娠 妊婦健診は定期的に受診していた。悪阻軽快後、食欲が増進した 自覚症状：なし　　食欲：ふつう　　就業：会社員　　服薬：なし 既往歴・治療歴・家族歴：特記すべき事項なし		
身体計測	身長　164cm	体重　71.0kg	非妊娠時体重　56.5kg
	非妊娠時BMI　21.0kg/m^2	体重増加量　14.5kg	（推奨体重増加量 7〜12kg）
臨床検査	血圧　来院時　130/80mmHg　（基準値 140/90mmHg 未満）		
	尿糖　−／尿蛋白　＋　　　　下肢の浮腫　＋		
	Ht　40.7%（基準値 39.5〜52%）　　　Hb　13.5g/dL（基準値 13.5〜18.0g/dL）		
栄養・食生活等	エネルギー 栄養素摂取状況	摂り過ぎが気になる：エネルギー、ナトリウム	
	食品摂取状況	摂り過ぎが気になる：加糖飲料類、菓子類、食塩	
	朝食	カフェインレスのコーヒーのみ	
	昼食	お弁当持参	
	間食	炭酸飲料、スポーツドリンクを毎日飲んでいる 夕食後にアイスクリームやケーキ等を週1〜2回摂取	
	夕食	夕食時刻は21時頃。夫の希望で味の濃い料理（焼肉、麻婆豆腐、カレーライスなど）が多い	
	サプリメント	利用なし	
	食知識・食スキル	妊娠期の栄養に関する情報は提供されたが、食物選択に関する知識不十分	
	食態度・食行動	遅い時刻に夕食摂る。夕食後に間食を摂る	
	食環境	夫も、実家の母も食塩を控えようという意識はない 減塩食品は使用していない	
	食事の満足度	満足している	
	行動変容段階	準備期	
生活習慣	睡眠	良好	
	喫煙	なし	
	運動	散歩程度	
その他	家族の協力	通常は夫のサポートあり。里帰り中は、母親の協力あり	
	本人のニーズ	母子ともに健康に出産したい	

【栄養状態の判定】

「初回健診時体重が非妊娠時より14.5kg増加、蛋白尿（＋）、浮腫（＋）の軽症HDPであることから、
不規則な食事パターンと妊娠期の食物選択に関する知識不足が誘因となった、
エネルギー摂取量過剰（NI-1.5）およびナトリウム摂取量過剰（NI-5.10.2）の状態」と判定する。

1-2 初回栄養指導 ※ 行動変容ステージ「準備期」から「実行期」への支援

場所 外来栄養指導室 **指導時間** 30分

〈指導（はたらきかけ）のポイント〉

① 記録や問診から身体所見、既往歴、家族歴、妊娠経過等を確認する。

② HDPの病態や高血圧との関連を説明し、体重および血圧コントロールの必要性を説明する。

③ HDP重症化防止のための留意点を説明する。

④ 妊娠後の食生活を一緒に振り返り、エネルギーやナトリウムの過剰摂取の要因を拾い出せるよう支援する。

⑤ 実行可能な目標を設定できるようにする。

⑥ 設定した目標について、モニタリングの方法を説明する。

時間	対象者の活動の流れ	指導（はたらきかけ）	留意点（◎）、教材（＊）
3分	① 体の状況、既往歴、家族歴、妊娠経過等を説明する。	・これまでの妊娠期間をねぎらい、体調を気遣いながら栄養指導の目的や指導時間について説明し、了解を得る。 ・母子手帳や診療録から、非妊娠時BMI、体重増加量、既往歴、家族歴、出産歴、妊娠の経過等を確認する。	＊栄養指導依頼書 ＊母子手帳 ＊診療録
25分	② 妊娠高血圧症候群の病態や高血圧との関連を知る。	・エネルギー・ナトリウムの過剰摂取と高血圧の関連、高血圧とHDPとの関連を説明し、体重および血圧コントロールの必要性を説明する。 ・胎児発育評価から母体の栄養評価も行う。	◎疾患の発症機序は明らかではないが、病態の本体は高血圧であり、体重・血圧コントロールのための食事療法が必要であることを説明する。
	③ HDP重症化の防止の留意点を知る。	・HDP重症化防止のための方針として、体重増加0.3～0.5kg/週、推定エネルギー必要量、食塩7～8g/日を伝え、食事改善の留意点について、説明を行う。	
	④ 食生活を振り返り、エネルギーとナトリウムが過剰になっている食事要因を考える。	・アセスメントシートをもとに食事や栄養に関連するリスク要因を本人と一緒に拾い出す。 ≪拾い出したリスク要因≫ ・炭酸飲料やスポーツドリンクが多い。 ・夕食が遅い。夕食後に間食（菓子等）をする。 ・濃い味の料理が多い　等	＊アセスメントシート ◎本人が理解できる下記の教材を配布し、要因を拾い出せるようにする。 ＊嗜好食品(飲み物・菓子類)のエネルギー・砂糖量（資料1、2） ＊料理の食塩量と減塩の工夫のリーフレット(資料3)
	⑤ 実行可能な目標を立てる。	【目標設定】 ・結果目標：適正な体重増加量（0.3～0.5kg/週） 　　　　　　高血圧の改善 ・行動目標：炭酸飲料またはスポーツドリンクを週3回にする。 　　　　　　夕食の時刻を1時間早める。 　　　　　　合わせみそを使って、低塩みそ汁にする。	◎産休に入ることを踏まえ、実行可能な行動目標が立てられるよう提案や助言を行う。
	⑥ 行動目標のモニタリング方法を知る。	・経過観察のため、体重・血圧、行動目標について、モニタリング用紙への記録方法を説明し了解を得る。	＊モニタリング用紙（体重、血圧、行動目標の実行状況を記載する記録用紙）
2分	まとめ	・安静を保つため、家事等に家族の協力をお願いする。 ・困ったことがあったら、支援する気持ちを伝える。	

1-3 個別栄養指導 2 回目（初回から 4 週後）　　※ 行動変容ステージ「実行期」の支援

🏠 **場所**　外来栄養指導室　　⏱ **指導時間**　30 分

〈指導（はたらきかけ）のポイント〉
① 体重、血圧の経過および尿蛋白、浮腫の状況を確認し、病態の改善状況をふまえた働きかけを行う。
② 行動目標の達成状況について確認し、できている点は褒めて自信を持たせる。できなかった点について、なぜできなかったかを確認し、自信が高まるよう、実行可能な改善方法をアドバイスする。
③ 妊娠を継続するなかでの食事に関連する不安をくみ取り、対応策について助言する。

時間	対象者の活動の流れ	指導（はたらきかけ）	留意点（◎）、教材（＊）
3 分		・相手が不安にならないよう、体調を気遣いながら本日の栄養指導の内容や時間について説明をして、了解を得る。 ・1 か月間の食事改善への取り組みをたたえ、ねぎらう。	
25 分	① 体重・血圧の経過、病態の改善状況を確認し、安静と食事療法継続の必要性を知る。	・カルテから体重、血圧の経過および尿蛋白、浮腫の状況を確認し、病態の改善状況をふまえたはたらきかけを行う。 ・妊娠 35 週、体重 72.1 kg（体重増加 0.3 kg/週） ・血圧 152/88 mmHg　←　前回より悪化 ・浮腫（1＋）、尿蛋白（2＋）←前回より悪化 ・病態が悪化していることで、不安感を増大させないよう配慮し、引き続き安静・食事療法が重要であることを説明し、理解を得る。	＊診療録 ◎病態が悪化していることで、不安感を増大させないよう配慮し、引き続き支援する姿勢を伝える。
	② 行動目標の達成状況を確認し、できなかった点の理由と改善方法を考える。	・モニタリング表から行動目標の達成状況を確認する。 　⇒体重増加は落ち着いており、摂取エネルギー量は適正と考えられる(嗜好飲料の摂取量、夕食時刻の適正化、夕食後の間食の減少による効果)。 　⇒血圧、尿蛋白、浮腫の悪化の原因 　　料理が面倒になってきて、出前や調理済み食品等を利用する機会が増えた。 ＊電子レンジを活用した簡単減塩レシピを提供する。 ＊減塩調味料（みそ、しょうゆ）や低塩のレトルトや缶詰などを紹介する。	＊モニタリング用紙 ◎達成されているところを褒め、継続への自信を高められるようにする。 ◎課題解決に向けて、実施可能な具体策を助言する。
	③ 食事に関連する不安や疑問点を表出し、対応策を確認することで妊娠継続への自信を高める。	・食事に関連する不安や不満、負担になっていること、疑問点を傾聴し、解決策について助言する。 ≪対応の例≫ ＊体重が増えると思い、食事をすることが不安。 ⇒記録からは標準的な増加量。現在の食事量を継続。 ＊時々味の濃いものが食べたくなる。 ⇒食事の中で 1 品だけ味を重点的につけてみる。 ⇒味の濃い物を食べたくなったらガムを噛む。 【行動置換法】 ・体重・血圧・食事内容の記録を続けることを提案し、モニタリング用紙を渡す。	◎減塩を実践するためのポイントを紹介する。 ＊モニタリング用紙
2 分	まとめ	・患者の頑張りをたたえ、残りの妊娠期間を娩出まで継続できるよう支援する。 ・無事の出産を願っている気持ちを伝える。	

〈参考〉日本妊娠高血圧学会編：妊娠高血圧症候群診療指針 2021

資料 1. し好飲料のエネルギー・砂糖量

し好飲料（200gあたり）	エネルギー（kcal）		砂糖量（g）	スティックシュガー（本数）
ウーロン茶	0		0	
紅茶	2		0	
緑茶	4		0	
コーヒー	8		0	
ポカリスエット	42		10	◇◇◇
コーヒー飲料	76		17	◇◇◇◇◇◇
炭酸飲料類（サイダー）	82		18	◇◇◇◇◇◇
オレンジジュース（濃縮還元）	92		15	◇◇◇◇◇
りんごジュース（濃縮還元）	94		21	◇◇◇◇◇◇◇
炭酸飲料類（コーラ）	92		24	◇◇◇◇◇◇◇◇
粉末ミルクココア（30g）	120		23	◇◇◇◇◇◇◇◇

1本＝10kcal　　1メモリ＝2kcal　　◇ スティックシュガー1本分（3g）

〈**参考**〉日本食品標準成分表 2020 年版（八訂）

資料 2. 菓子類のエネルギー・砂糖量

菓子類	1個(1回分)の目安量	エネルギー(kcal)	砂糖量(g)	スティックシュガー(本数)
芋かりんとう	6本30g	140	11	◇◇◇◇
揚げせんべい	3枚(1枚10g)	137	0	
シュークリーム	1個60g	134	9	◇◇◇
練り羊羹	1切れ50g	145	28	◇◇◇◇◇◇◇◇◇
みたらし団子	1本80g	155	6	◇◇
カステラ	1切れ50g	156	19	◇◇◇◇◇◇
大福もち	70g	156	11	◇◇◇◇
プリン	1個150g	174	16	◇◇◇◇◇
あんぱん(こし)	1個100g	253	15	◇◇◇◇◇
どら焼き	大1個100g	292	44	◇◇◇◇◇◇◇◇◇◇◇◇◇◇◇
ショートケーキ	1切れ100g	318	23	◇◇◇◇◇◇◇◇
ミルクチョコレート	1枚70g	386	30	◇◇◇◇◇◇◇◇◇◇

1本＝50kcal　1メモリ＝10kcal

◇ スティックシュガー1本分(3g)

〈**参考**〉日本食品標準成分表 2020 年版（八訂）

＊無理なく続ける減塩メニュー＊

かぶと湯葉のみそ汁
食塩濃度0.7％で作るとすると
食塩相当量　1人分約1.1g

淡色辛みそと食塩量の
少ない白みそを合わせ
て減塩！ だしときのこの
うま味をプラス!!

一般的なみそ汁の食塩濃度
0.8〜1.0％
（だしの量に対する食塩
　　　相当量の割合）

＊だし150mLに味をつける際、
　食塩濃度0.8％の味付けは
　淡色辛みそ小さじ1½強（10g）

材料/1人分
かぶ・・・・・・・40g
かぶの葉・・・・・10g
しめじ・・・・・・10g
湯葉（乾）・・・・・1g
混合だし・・・・150cc ⎫
白みそ・・・・　小さじ1 ⎬A
淡色辛みそ・・　小さじ1 ⎭
七味唐辛子・好みで適量

作り方
①かぶは皮をむいて乱切り、葉
　は1cm長さに切る。しめじは
　石づきを取り、1/2長さに切る。

②鍋にだしを入れて火にかけ、
　煮立ったら①を加えて弱火で
　約5分煮る。かぶが柔らかく
　なったら、戻した湯葉を一口
　大にして加える。

③Aを合わせて溶き入れ、ひと
　煮立ちしたら椀に盛る。
　好みで七味唐辛子をふる。

＊みそ小さじ1（6g）の食塩相当量＊

白（西京）みそ	0.4g	減塩みそ	0.6g	麦みそ	0.6g
赤（豆）みそ	0.7g	淡色辛みそ	0.7g		
赤色辛みそ	0.8g	だし入りみそ	0.7g		

野菜の煮物
食塩濃度　1.0％で作るとすると
食塩相当量　1人分約1.0g

だしのうま味を材料
に浸透させ、ゆずの
香りと風味プラスで
美味しく減塩!!

一般的な煮物の食塩濃度
1.2〜1.5％
（主材料の合計重量に対する
　調味料に含まれる食塩の割合）

＊味をつける材料が100gとすると
　食塩濃度1.2％は
　　　塩1.2g＝しょうゆ8.4g

材料/1人分
蓮根・・・・・・40g
ごぼう・・・・・20g
人参・・・・・・20g
しいたけ・・・・10g
こんにゃく・・・10g
混合だし・・1カップ
みりん・・・小さじ1
しょうゆ・小さじ1.2
柚子・・・・・適量

作り方
①人参・ごぼうは乱切り、蓮根はいちょ
　う切り、しいたけは削ぎ切りにする。
　こんにゃくは下ゆでし、5㎜くらいの
　厚さに切る。

②野菜は水から5分ほど下ゆでする。

③鍋に②の野菜とだし汁を入れ、落とし
　蓋をして中火で煮る。

④野菜に火が通ってきたら、こんにゃく、
　しいたけを入れ、しょうゆ・みりんで
　味をつける。

⑤具材が柔らかくなったら皿に盛り、柚
　子を軽くしぼり、柚子の皮を添える。

減塩ポイント
昆布と白だしで
うまみたっぷり

一般的な漬物の食塩濃度
2.5～3.0%
2.5%濃度の漬物50gには
約1.3gの食塩が入っている

しょうがと鷹の爪でピリッと
白菜の浅漬け
食塩濃度　1.0%
食塩相当量　1人分約0.6　g

材料　1人分
白菜・・・・・・40g
人参・・・・・・10g
鷹の爪（輪切り）・適量
しょうが・・・・適量
刻み昆布（乾）・・1g
酢・・・・大さじ1/2
だし・・・・・15mL
塩・ミニスプーン1（0.6g）

作り方
①野菜を洗い、しっかりと水気を切る。白菜はざく切り、人参・しょうがは干切りにする。

②ファスナーつきのポリ袋等に食材を入れ、塩を全体になじませるようにもみこむ。

③だし、酢、塩を入れてよく混ざるようにもみこみ、空気を抜いて冷蔵庫で20～30分置く。

食材の工夫で美味しさアップ!!

減塩に効果的な食材	料理への活用
しょうが、にんにく、みょうが、青しそ、各種ハーブ	薬味に利用する他、和え物、炒め物のアクセントに! 例：小松菜ときのこのしょうが炒め　鶏肉バジル風味焼き
ゆず、かぼす、レモン、すだちなど	野菜を使った和えものに香りと酸味を添えて 例：魚介とかぶのゆずマリネ、魚のムニエルレモンソースがけ
貝割菜、小ねぎ、芽ねぎ、など	料理のトッピングに使用して彩りと爽やかな苦味をプラス。ライスペーパー、肉、薄焼き卵、のりなどで巻いて食べてもO.K
かつお節、昆布類、きのこ類、貝類	だし汁はもちろん、素材を活用して料理に旨みをプラス 例：野菜ときのこのおかか和え、ほうれん草とあさりの炒め物
唐辛子、胡椒、マスタード、わさび、カレー粉など	香辛料の風味やピリ感を炒め物や和え物に 例：豚肉とセロリのマスタード炒め、　わさび風味ドレッシング
アーモンド、ピーナッツ、くるみ、ごまなど	サラダや和え物に香ばしさや食感のアクセントを 例：キャベツと人参のアーモンドサラダ、　青菜のくるみ和え
干しえび、干し桜えび、煮干し粉、青のり粉など	各種料理に独特の風味をプラス。　粉末はふりかけや調味料がわりに活用可。

Chapter 2

食物（卵）アレルギー児の
母親への指導

2-1 栄養アセスメント

▨ **作成日** ●年●月●日
▨ **相談者氏名** ○○○○　　▨ **性別** 女性(母親)　　▨ **年齢** 26歳
▨ **対象児氏名** ○○○○　　▨ **性別** 女児　　▨ **年齢** 3歳

分類		項目と詳細			
臨床診査		生後、3歳までやせが継続 既往歴：1歳3か月で卵アレルギーを発症、アナフィラキシーなし 家族の既往歴：なし　　服薬：なし			
身体計測		身長　92.0cm	体重　12.5kg	カウプ指数　13.8kg/cm²	発育曲線(体重) やせぎみ
臨床検査		特異的IgE抗体検査[1)]：卵 150UA/mL 皮膚ブリックテスト：未実施、経口食物負荷試験：未実施			
栄養・食生活	エネルギー 栄養素摂取状況	不足が気になる：エネルギー、たんぱく質			
	食品摂取状況	不足が気になる：肉類や魚類、野菜類			
	朝食	食欲がなく、あまり食べない、ご飯のみの場合が多い			
	昼食	保育園給食(卵の完全除去食)			
	夕食	ご飯、みそ汁、魚料理			
	間食	ほとんど食べない			
	食知識・食スキル	市販品の表示の見方に関する知識が不足している 母親は簡単な調理ができ、卵を除去した料理を作ることができる			
	食態度・食行動	除去食に取り組もうとする意欲はある 長時間保育をしており夕食時刻が遅い			
	食環境	代替食品についての正しい情報を入手していない			
	行動変容段階	実行期			
その他	家族の協力	食事提供に関して、父親の協力は得られそうもない			
	給食での対応内容	卵や卵を含む食品の完全除去 代替食品として、肉、魚、豆腐等で、たんぱく質を確保する			
	園での対応内容	卵を触った手で触れても症状がでるので、食事時の座席の位置に配慮し、保育士が気を配っている			
	家庭での生活習慣	親の生活リズムが不規則で、家族揃って食事をすることはほとんどない			
緊急連絡先		氏名	続柄	連絡先電話番号	特記事項
		○○○○	父	□□□-□□□□-□□□□ (自宅・職場・⦅携帯⦆)	
		○○○○	母	□□□-□□□□-□□□□ (自宅・職場・⦅携帯⦆)	

[1)] 特異的IgE抗体検査：特異的なアレルゲンに対するIgEを個別に調べる検査(RAST)で、不特定のIgEの合計を調べるIgE検査(RIST)と区別して、UA/mLという単位が使用される。

【栄養状態の判定】
「カウプ指数が13.8kg/cm²とやせぎみであることから、
卵の代替食が適切に摂取できていないことが誘因となった。
たんぱく質・エネルギー摂取不足(NI-5.3)の状態」と判定する。

2-2 初回栄養指導　　※ 行動変容ステージ「実行期」の支援

■ 場所　保育室　　　　■ 指導時間　40分

〈指導（はたらきかけ）のポイント〉

　入園説明会などの実施時に、食物アレルギーを持つ子どもを把握し、申請書類を配布して、入園前の医療機関受診を促しておく。

① アレルギーと食生活との関連について理解が深まるように説明する。
② 食事、生活習慣の状況の聞き取り、困っていることの課題解決を図る。
③ 身体発育曲線等に基づいた身体発育状況の確認により、現状について説明して理解を深めてもらう。
④ 保育園の給食のアレルギー食献立をみて、除去食品と代替食品の確認を行い、家庭での実践意欲を高めてもらう。
⑤ 保育園での生活や給食について明らかにし、給食に対する不安を軽減させる。
⑥ 保育園と家庭との連携で進めるため、家庭と相互に連携しあう。

時間	対象者の活動の流れ	指導（はたらきかけ）の例	留意点（◎）、教材（＊）
3分		・リラックスして話ができるような雰囲気づくりを心がける。	◎平易な言葉で具体的にわかりやすく説明する。
35分	①アレルギーと食生活との関連の説明を聞く。	・生活管理指導表に従い、アレルギーと食生活との関連が理解できるよう説明する。 ・医療機関（医師）に十分説明ができるよう日頃の家庭での様子、園で気になることをメモし、確認しあう。	＊生活管理指導表（資料1） ・家庭と園での温度差を避けるため。
	②食生活を振り返り、問題点を確認する。	・アセスメントシートを用い、家庭での食事や生活習慣の状況を聞き取る。 ・食物アレルギー指示書に基づき、保育園での除去食品の確認を行う。 ・家庭の食事で困っていること、同居者(父・祖父母等)の協力体制について聞き取る。	＊アセスメントシート ＊食物アレルギー指示書 ◎これまでにできていることは褒める。
	③身体発育曲線等に基づいて、身体発育状況を確認する。 ④保育園の食事状況や具体的な栄養管理や調理上の工夫について聞き、実行可能な目標を決める。	・身体発育成長曲線を用い、身体発育状況の現状を保護者といっしょに確認し、理解してもらう。 ・保育園のアレルギー食対応について食品構成を示し、卵以外のたんぱく質給源食品の適切な確保を支援する。 ・卵を使わないでできる調理上の工夫について説明する。 ・食事記録をつけるよう助言する。 ・積極的介入が可能であれば、「経口食物負荷試験」の話もしてみる。 結果目標：発育曲線上のプロットが上向きになる。 行動目標：卵以外のたんぱく質給源食品を今までよりも多く食事にとり入れる。家庭での食事を記録する。	＊身体発育曲線のグラフ ＊保育園の食品構成表（たんぱく質給源食品）と代替食品（資料2） ＊卵を除去する調理の工夫（資料3） ＊食事記録表 ◎記録が負担にならないように配慮して説明する。
	⑤保育園での給食時の対応で、不安な点について確認する。	（不安点・疑問点、負担への支援） ・保育園での生活や給食に関しての不安点や疑問点に応える。「うちの子が卵を間違って食べてしまうことはないですか」⇒トレイや名札等を使用して、誤飲誤食がないようにしていますので、ご安心ください。 ・「うちの子は、卵を触った手で触れるだけで赤くはれるので、心配なのです」⇒座席の位置に配慮し、保育士が触らないように気をつけているので、ご安心ください。 ・複数人でチェックを行う。事故防止マニュアルなど園での対応を話し、さらに協力体制をとる。	◎保育園では、完全除去をすることを説明する。 ◎給食時の対応についてもていねいに説明する。 ・担任、主任の同席を促し、園全体の取り組みとし、職員間の共通理解とする。
2分	次回の確認	・次回の面接日に食事記録を持参してもらうように頼み、次回の面接日を確認する。	＊次回の予約表 ◎保育士等との情報共有

2-3　2回目の栄養指導（初回面接から1か月後）　※ 行動変容ステージ「維持期」の支援

❖ **場所**　保育室　　　　　❖ **指導時間**　20分

〈**指導（はたらきかけ）のポイント**〉
① 保育園でのアレルギー用献立を提示し、除去食品および代替食品について説明する。
② 保育園での対象児の食事の様子を説明して給食に対する不安の軽減を図る。
③ 身体発育曲線を用いて、発育状況を一緒に確認する。
④ 食事記録から食生活の様子を把握し、できていることは褒め、必要な支援を行う。
⑤ 除去食を実施していく上での留意点について説明する。

時間	対象者の活動の流れ	指導（はたらきかけ）の例	留意点（◎）、教材（＊）
3分		・笑顔で迎え、予定どおり面接にきてくれたことをたたえる。 ・1か月の間に母親の負担や不安を聞き取る。	◎共感できる内容を探し、努力を認め合う。
15分	①保育園のアレルギー用献立を確認する。 ②保育園での子どもの様子を聞く。	・翌月のアレルギー用献立について説明し、除去食品および代替食品について説明する。 ・保育園での子どもの食事時の様子について説明する。 ・休日明けに悪化傾向があれば、伝える。	＊翌月のアレルギー用献立 ・注意するのではなく、さらに園側も、支援する気持ちを伝える。
	③身体発育曲線等から、発育状況を確認する。 ④食事記録に基づき家庭での食事内容等を説明する。	・身体発育が順調であるかをともに確認する。 ・食事記録表を見ながら、家庭での代替食の取り組み状況について確認し、子どもはそれをきちんと食べることができているかを確認する。 ・適切にできていることについては称賛する。 【オペラント強化】	◎疑問点に応え、不安を除くことができるように対応する。 ＊身体発育曲線のグラフ ＊食事記録表
	⑤除去食の留意点に関する説明を聞く。	・家庭での食事提供における不安点について助言をする。（支援） ・「卵の代替食品だけ、気をつければいいのですか」 ⇒卵を除去すると鉄の摂取量が不足しやすいので赤身肉など鉄の多いものをとり入れてください。また料理するときには、サフラワー油やコーン油より菜種油や大豆油、あればしそ油やエゴマ油などの利用をお勧めします。 ・「市販のおやつは食べられないので、毎日おやつを考えるのが大変です」⇒加工食品にはアレルギー食品の表示がしてあるので、確認して食べさせるようにしてください。 ・「お友だちと同じようなものを食べたいといわれ、どのようにしてあげたらいいのか悩みます」⇒保育園給食で実施している見た目が似た料理の工夫を紹介しますので、参考にしてください。 ・引き続き食事記録をつけるよう助言する。	＊アレルギー表示の見方に関する資料 ＊卵のようにみえる調理法のレシピ（資料4）
2分	次回の確認	・次回の面接日にも食事記録を持参してもらうよう頼んでおく。 ・次回までに医療機関を受診することを勧め、次回の面接日を確認しておく。	＊次回の予約表 ◎保育士等との情報共有

2-3　その後の指導　　※ 行動変容ステージ「維持期」の支援

〈指導（はたらきかけ）のポイント〉

① 除去食品に変更があるか確認する。

② 家庭での食生活の様子を把握し、バランスのよい食事が継続できるよう支援する。

その後、状態を確認して除去対応の解除に関する指導を行う。

資料1．生活管理指導表（抜粋）

名前＿＿＿＿＿＿＿＿＿＿男・女　西暦＿＿＿＿年＿＿月＿＿日生(＿＿歳＿＿ヶ月)＿＿＿＿＿＿組

この生活管理指導表は保育所の生活において特別な配慮や管理が必要となった場合に限って作成するものです。

病型・治療	保育所での生活上の留意点
A．食物アレルギー病型(食物アレルギーありの場合のみ記載) 1. 食物アレルギーの関与する乳児アトピー性皮膚炎 2. 即時型 3. その他(新生児消化器症状・口腔アレルギー症候群・食物依存性 　　運動誘発アナフィラキシー・その他：　　　　　)	**A．給食・離乳食** 1. 管理不要 2. 保護者と相談し決定
B．アナフィラキシー病型(アナフィラキシーの既往ありの場合のみ記載) 1. 食物(原因：　　　　　　　　　　　　) 2. その他(医薬品・食物依存性運動誘発アナフィラキシー・ラテックスアレルギー・)	**B．アレルギー用調整粉乳** 1. 不要 2. 必要　下記該当ミルクに○、又は 　( )内に記入 ミルフィー・ニュー MA-1・MA-mi・ペプディエット・エレメンタルフォーミュラ その他(　　　　　　　　　　　　　)
C．原因食物・除去根拠　該当する食品の番号に○をし、かつ 　　　　　　　　　　《　》内に除去根拠を記載	**C．食物・食材を扱う活動** 1. 管理不要 2. 保護者と相談し決定

1. 鶏卵	《　　》	[除去根拠]該当するもの全てを《　》内に番号を記載 ①明らかな症状の既往 ②食物負荷試験陽性 ③IgE抗体等検査結果陽性 ④未摂取	
2. 牛乳・乳製品	《　　》		
3. 小麦	《　　》		
4. ソバ	《　　》		
5. ピーナッツ	《　　》		
6. 大豆	《　　》		
7. ゴマ	《　　》		
8. ナッツ類＊	《　　》	(すべて・クルミ・アーモンド・)	
9. 甲殻類＊	《　　》	(すべて・エビ・カニ・)	
10. 軟体類・貝類＊	《　　》	(すべて・イカ・タコ・ホタテ・アサリ・)	
11. 魚卵	《　　》	(すべて・イクラ・タラコ・)	
12. 魚類＊	《　　》	(すべて・サバ・サケ・)	
13. 肉類＊	《　　》	(鶏肉・牛肉・豚肉・)	
14. 果物類＊	《　　》	(キウイ・バナナ・)	
15. その他		(　　　　　　　　　　)	

D．除去食品で摂取不可能なもの
病型・治療のCで除去の際に摂取不可能なものに○

1. 鶏卵：	卵殻カルシウム
2. 牛乳・乳製品：	乳糖
3. 小麦：	醤油・酢・麦茶
6. 大豆：	大豆油・醤油・味噌
7. ゴマ：	ゴマ油
12. 魚類：	かつおだし・いりこだし
13. 肉類：	エキス

「＊類は( )の中の該当する項目に○をするか具体的に記載すること」

E．その他の配慮・管理事項

D．緊急時に備えた処方薬
1. 内服薬(抗ヒスタミン薬、ステロイド薬)
2. アドレナリン自己注射薬「エピペン 0.15 mg」
3. その他

病型・治療	保育所での生活上の留意点
A．病型　1. 通年性アレルギー性鼻炎 　　　　2. 季節性アレルギー性鼻炎 　　　　主な症状の時期：春、夏、秋、冬	**A．屋外活動** 1. 管理不要 2. 保護者と相談し決定
B．治療　1. 抗ヒスタミン薬・抗アレルギー薬(内服) 　　　　2. 鼻噴霧用ステロイド薬 　　　　3. その他	**B．その他の配慮・管理事項(自由記載)**

左側縦項目：食物アレルギー(あり・なし)　食物アナフィラキシー(あり・なし)／アレルギー性鼻炎(あり・なし)

厚生労働省：「保育所におけるアレルギー対応ガイドライン」http://www.mhlw.go.jp/bunya/kodomo/pdf/hoiku03_005.pdf を基に作成

資料2．保育園の食品構成表（3〜5歳児のたんぱく質給源食品の1か月平均の1日分量）

食品群		通常児	卵アレルギー児
乳類	牛乳・脱脂粉乳	140 g	140 g
	乳製品	10 g	11 g
卵類		8 g	0 g
魚類（含む小魚）		15 g	17 g
肉類		15 g	17 g
豆類	大豆・大豆製品	20 g	20 g
	その他の豆類	1 g	1 g

卵1個（50g）に含まれる
たんぱく質（6g）含む代替食品

魚	30 g
肉	35 g
絹ごし豆腐	115 g
牛乳	200 mL
納豆	40 g
チーズ	30 g

資料3．卵を除去する調理の工夫

> ## 「卵を除去する場合の調理上の工夫」　こんな工夫ができます！！
>
> ＊肉料理のつなぎ
> 　　使用しない。片栗粉などのでんぷんを使用する。すりおろしたいもなどで代用する。
> ＊揚げ物の衣
> 　　使用しない。水とでんぷんまたは小麦粉のみを使用した衣で揚げる。
> ＊洋菓子の材料
> 　　ゼラチンや寒天、でんぷんで代用して固める。
> 　　ケーキなどは、ベーキングパウダーや重そうを使って膨らませる。
> ＊彩
> 　　とうもろこしやかぼちゃを使用する。黄色のパプリカを使用する。
> ＊その他（卵料理に似せる工夫）
> 　　白身魚、でんぷん、かぼちゃパウダーを混ぜて卵焼きをつくる。
> 　　豆乳または牛乳、かぼちゃパウダー、粉寒天で冷製茶碗蒸しをつくる。

資料4．卵除去の調理法に関するレシピ

> ## 「撹拌した卵のようにみえるレシピ」　こんな工夫ができます！！
>
> **材料（卵1個分相当）**
>
> | | |
> |---|---|
> | 生たら | 30g |
> | 牛乳 | 小さじ2（10㎖） |
> | カボチャ（皮、種、綿を除いた正味重量） | 10g |
> | 大豆油または菜種油（あれば、しそ油またはエゴマ油） | 小さじ3/4（3g） |
> | みそ | 小さじ1/4（1.5g） |
> | 片栗粉： | 小さじ1/2（1.5g） |
>
> **つくり方**
> 1　カボチャをラップで包み、電子レンジで20秒ほど加熱して柔らかくする
> 2　生たらは大き目にカットしておく
> 3　材料をすべて小型のフードプロセッサーに入れて、軟らかくなるまで撹拌する
> （4　用途に応じて、調味料を足す）
>
> **展開できる料理例**
> オムレツ
> オムライス
> 卵焼き
> スクランブルエッグ（右の写真参照）
> 薄焼き卵
> かに玉など

栄養素等	鶏卵 1個分	撹拌卵風生地 （1個分相当）
エネルギー	71 kcal	63 kcal
たんぱく質	6.1g	5.8g

（和田政裕監修：「食物アレルギー対応レシピ集」宣協社を基に改変）

〈参考〉
・保育所におけるアレルギー対応ガイドライン　　厚生労働省
・学校給食における食物アレルギー対応指針　　文部科学省

Chapter 3

特定保健指導
（肥満改善）

3-1 栄養アセスメント

▩ **作成日** ●年●月●日
▩ **相談者氏名** ○○○○　　▩ **性別** 男性　　▩ **年齢** 55歳

分　類	項目と詳細		
臨床診査	自覚症状：だるい、疲れやすい　　　既往歴・治療歴・家族歴：なし 食欲：ある　　　服薬：なし		
身体計測	身長　170cm	体重　80kg	BMI　27.7kg/m²
	体脂肪率　37%	腹囲　95cm	
臨床検査	血　　圧　138/88mmHg（判定値130/85mmHg未満、受診勧奨値140/90mmHg以上）		
	中性脂肪　200mg/dL（判定値150mg/dL未満、受診勧奨値300mg/dL以上）		
	血　　糖　空腹時血糖95mg/dL（判定値100mg/dL未満、受診勧奨値126mg/dL以上） 　　　　　HbA1c（NGSP）5.3%（判定値5.6%未満、受診勧奨値6.1%以上）		
栄養・食生活	エネルギー 栄養素摂取状況	摂り過ぎが気になる：エネルギー、食塩相当量 不足が気になる：カリウム、食物繊維	
	食品摂取状況	摂り過ぎが気になる：砂糖、食塩、酒、油脂類 不足が気になる：野菜、海藻、きのこ	
	サプリメント	疲れた時に栄養ドリンクを利用（月1〜2回）	
	朝食	パンとコーヒー（加糖）	
	昼食	社員食堂または外食（丼物、めん類等が多い）	
	間食	缶コーヒー（加糖）を毎日3本	
	夕食	全体量が多い、揚げ物が多い	
	飲酒	飲む（頻度：毎日　種類：ビール　量：大瓶2本） 接待での飲食も多い	
	食知識・食スキル	5大栄養素もおぼろげな知識 栄養を考慮したメニュー選択ができない 調理はほとんどしない	
	食態度・食行動	少しやせたいと思っており、改善の意欲はある 営業で外回りの仕事や残業が多く不規則な生活 早食い、食事時刻の不規則	
	食環境	外食、社員食堂では単品メニューの利用が多い（丼物など）	
	行動変容段階	熟考期〜準備期	
	食事の満足度	満足している	
生活習慣	睡眠	就寝時刻　24時	
	喫煙	もともと吸わない	
	運動	していない	
その他	健康に対する考え方	家族のために健康でありたいと思っている	
	家族の協力	妻の協力は得られそう	
	ニーズ	減量のための食事の摂り方や生活習慣の改善方法を知りたい	

【栄養状態の判定】

「腹囲95cm、BMI27kg/m²、中性脂肪200mg/dLがみられることから、
食物・栄養に関連した知識不足が原因である、
エネルギー摂取量過剰（NI-1.5）の状態」と判定する。

3-2 初回栄養指導　※ 行動変容ステージ「熟考期～準備期」から「実行期」への支援

🔲**場所**　企業の保健相談室　🔲**指導形態**　個別面談　🔲**支援時間**　45分

〈指導（はたらきかけ）のポイント〉

① 健診結果を活用し、データと病態との関連が理解できるよう説明する。
② アセスメントシートを活用し、食事・生活習慣の状況、ニーズ等について具体的に聴き取りながら、行動変容ステージ（熟考期）を確認する。また、対象者が自分の生活を振り返って問題点を確認できるように導く。
③ 行動を変えることのメリット、変えないことのデメリットについて理解できるようにする。
④ 行動を変える上で不安な点、負担や障害を明らかにし、それらを軽減できるようにする。
⑤ 実践的な指導を通して、対象者が具体的に実践可能なことを考えられるようにする。
⑥ 特定保健指導のため、行動変容ステージに関わらず目標設定や行動計画を作成できるよう導く。
⑦ 行動変容への決意を表明できるよう導く。
⑧ セルフモニタリングの方法、評価の時期を説明する。

時間	対象者の活動の流れ	指導（はたらきかけ）	留意点（◎）、教材（＊）
3分		・自己紹介および予定時間を確認し了解を得る。 ・アイスブレイク（初対面での緊張をときほぐすための手法）を行い、リラックスして話ができるようにする。	◎面談に来てくれたことをたたえ、「支援します」という姿勢を示す。
40分	① 健診結果と生活習慣の関連を聞く。	・面接目的を理解しているか確認する。 ・今回の健診結果とこれまでの推移を確認する。 ・健診結果の持つ意味を本人と一緒に確認する。 ・健診結果と病態の関係を説明し、行動変容意識の向上を図る。 ※肥満と高血圧、脂質異常症との関係、高血圧と慢性腎臓病との関係など。 「保健指導における学習教材（確定版）」の掲載サイトを活用する。 http://www.niph.go.jp/soshiki/jinzai/koroshoshiryo/kyozai/index.htm	＊健診データ ＊栄養素摂取と生活習慣病との関連を示す概念図、疫学データ等の資料 （保健指導における学習教材集（確定版）A、Bの教材が活用可能） ◎家族歴等も確認する。 ◎本人の理解状況の確認、疾病や健康への関心をさぐりながら話す。
	② 自分の食生活を振り返り、問題点を拾い出す。	・現在の食生活や生活習慣の状況について、アセスメントシートや教材を用いながら問題点を一緒に拾いあげる。 特に、エネルギー量の過剰を起こしている食事の原因について振り返ってもらう。 ・アルコール飲料の飲み過ぎはエネルギーの過剰摂取につながることを説明し、節酒の必要性を伝える。 ・本人のニーズを踏まえながら改善意欲の程度、行動変容ステージ（本例は熟考期）を確認する。	＊アセスメントシート ◎教材を効果的に活用する。 ＊外食、嗜好食品のエネルギー量の一覧表 （保健指導における学習教材集（確定版）C13、14の教材が活用可能） ＊フードモデル（野菜、外食、アルコール飲料類等） ◎既に実施できている点や努力はほめる。
	③ 行動を変えることのメリットと変えないことのデメリットを考える。	・行動を変えることのメリットと現在の生活を続けることのデメリットについて理解を促す。 【自己の再評価】	◎本人がメリット・デメリットを明らかにできるように支援する。

	④ 不安や負担と感じる点などを話す。 対策を理解し、食事改善に取り組む自信（自己効力感）を高める。	・食生活を改める上で、不安な点や負担になっていることを聞き出し、対応法についてアドバイスする。 ＊好きな丼や麺が食べられないのは負担。 　→量と回数、他メニューとの組合せを調整すれば、摂取可能であることを説明。 ＊主食や野菜の量を確認して食べるのは難しい。 　→目秤・手秤法など、簡単に見積るだけでも効果的であることを説明。 ＊接待の時にお酒を飲まないわけにはいかない。 　→共感した上で、お酒を勧められた際の断り方【ソーシャルスキルトレーニング】を練習することでうまく対応できることを伝える。 ・「多くを狙わず、できそうなことを1つか2つでよい」「大丈夫、あなたならきっとできますよ」と励まし【言語的説得】、自信を持ってもらう。 ・対象者と似た人の取り組み例を紹介し【モデリング】、できそうだという気持ちを持たせる。	◎本人の関心があるところから話を始める。 ◎不安や負担感が取り除けるよう、具体例をあげながらアドバイスする。 ＊フードモデル、料理カード、社員食堂メニューの写真 （保健指導における学習教材集（確定版）D-1、3の教材が活用可能） ◎お酒を断れない状況を否定せず、共感することを心がける。 ＊効果があった事例
	⑤ 課題を捉え、改善策を考える。	・自分の課題を踏まえ、改善策を考えてもらう。 ＊**食事面の検討** ・料理カード等で野菜不足の対策を考えてもらう。 ・缶コーヒーとお茶のエネルギー量を比較してもらう。 ・丼物や定食メニューの栄養表示を確認する。 ＊**運動面の検討** ・手軽にできる生活活動や運動を説明し、消費エネルギーを増やすためにできそうな方法を考えてもらう。	◎改善策がイメージできるよう、わかりやすい説明を心がける。 ＊料理カード・フードモデル ＊学習教材 C-17「身体活動で消費する量の計算」 ◎スモールステップ法でみつけてもらう）
	⑥ 目標設定、行動計画の作成を行なう。 ※優先順位をつけて自分で選ぶ。	・プランニングシートで、目標体重または腹囲を検討し、1日に減らすエネルギー量を確認してもらう。 ・結果目標を達成するための行動目標について、自己効力感尺度票を活用し、自信が高いものをいくつか選んでもらう。 結果目標・6か月間で体重を6kg減らす。 　　　　・3か月間に体重を3kg減らす。 行動目標・昼食は週2回野菜の豊富な定食にする。 　　　　・缶コーヒーは1日1本にする（その分家から緑茶を持参する）。 　　　　・週1回（休日）は、散歩をする。	＊プランニングシート（資料1）、自己効力感尺度票（資料2） ◎本人の意思を尊重しつつ、自己決定に導く。 ◎設定に苦慮している場合は、管理栄養士の考えを提案する。 ◎行動変容の準備性が低い場合は、シートのみ配布し、記入・目標設定は次回にする。
	⑦ 行動変容への決意を表明し、行動開始日を決める。	・食事改善に取組む決意を固めてもらい、行動開始日を決めてもらう【行動契約】 ・決意したことに称賛の言葉をかける【正の強化】 ・目標を見やすい場所に掲示しておくこと【行動契約】家族や仲間に宣言すること【目標宣言】などを伝える。	◎決意が固まるようにコーチングスキルを活用する。
	⑧ 腹囲の計測方法、セルフモニタリングの方法、評価の時期を確認する。	・体重・腹囲の計測方法、セルフモニタリングの方法を説明し、取り組み意欲が高まるよう励ます。 ・今後の支援の時期と方法（面談、電話、e-mail等）、評価の時期と方法を確認する。	＊メジャー、モニタリングシート（資料3） ◎グラフ化や○△×での記入法を活用する
2分	次回の予定を立てる。	・次回は電話で連絡することを伝え、事前にメールを入れることを伝える。 ・疑問があったら、相談してほしいことを伝える。	◎連絡先を確認する。 ◎継続して支援する姿勢を伝える。

3-3 個別栄養指導2回目（初回面接から1か月後）

:::**支援形態** 電話B（励ましタイプ）　:::**支援時間** 10分

〈指導（はたらきかけ）のポイント〉
① 行動目標の取り組み状況（体重・腹囲の変化、行動目標の達成状況、気持ちの変化等）を聴き取る。
② 実際に取り組んでいることをほめ、継続への意欲を高める。
③ 不明点、不安や負担感を聴き、それぞれの対策を助言し、対処法を一緒に考える。
④ モニタリング継続の重要性を説明し、相談者の目標達成を応援する気持ちを伝える。

時間	対象者の 活動の流れ	指導（はたらきかけ）	留意点（◎）、教材（＊）
1分		・保健指導の担当者であることを伝え、10分程度話す時間が取れる状態かを確認する。 ・1か月間の取り組みについてねぎらいの言葉をかける。	◎時間がとれないようなら、都合のよい時間帯を聞いてかけ直す。 ◎顔が見えないだけに、ていねいな言葉づかいを心がける。
8分	② モニタリングシートをもとに、行動目標の取組状況（体重・腹囲の変化、行動目標達成状況、気持ちの変化等）を話す。	1か月間の体重・腹囲の変化、行動目標達成状況、気持ちの変化等を聴き取る。 ・「昼食は週2回野菜の豊富な定食にする」という目標は、2日に1回程度だった（達成率50％）。 ・「缶コーヒーを1日1本にする」という目標は、10日間しかできなかった（達成率33％）。 ・週1回散歩するという目標は、3回しかできていない（達成率10％）。 ・体重は79.5kgで、ほとんど変化していない。 ・自分で立てた目標を完璧に実行できないことが情けない。 ・食事内容等の変化も確認する。	＊モニタリングシート（資料3） ◎達成率が100％でなくても、実行できていることが大切と考えてもらう（認知再構成）。実行していることを称賛し、最後まで継続することの重要性を伝える。 ◎目標以外の生活状況も確認し、努力している点をほめる（正の強化）。
	③ 不明点を解決し、不安や負担を緩和する方法を知る。	**（不明点に対する対応）** ◆野菜ジュースは野菜の代わりになるのか？ →野菜ジュースに関するエビデンスを、次回までにまとめておくことを伝える。 ◆外食時に、健康づくり支援店がみつけられない。 →健康づくり支援店マップ等を電話の後にメールで送付する【ソーシャルサポート：情報的支援】 **（負担となっていることに対する対応）** ◆週1回は散歩をするという目標は、時間がとれないので継続するのは負担。 →訴えに共感し、今後に向けての気持ちを十分に聴きとる。そのうえで、別の目標にするかどうかを確認する。	◎自己効力感が高まるような言葉をかける【言語的説得】。
	④ モニタリング継続および行動実施の意欲を高める。	・モニタリング継続の重要性を説明し、相談者の目標達成を応援しているという気持ちを伝える。	◎困ったことがあればいつでも連絡してほしい旨を伝え、応援している気持ちを伝える。
1分	次回の確認をする。	・次回の日程の確認をする（○月○日、○曜日、○時）。 ・途中で、フォローアップの電話を入れることを伝え、日時や連絡場所の確認をする。 ・次回の面談でセルフモニタリング用紙を見せてほしいことを頼み、忘れないよう念を押しておく。	

3-4 個別栄養指導3回目（初回から3か月後）　※ 行動変容ステージ「実行期」から「維持期」への支援

■場所　企業の保健相談室　　**■支援形態**　個別面談　　**■実施時間**　20分

〈指導（はたらきかけ）のポイント〉
① 行動目標の取り組み状況の確認と行動目標達成状況の中間評価を行ない、対象者自身で成果や問題点が確認できるよう支援する。その際、確立された行動については、賞賛や励ましを行ない今後の継続に導く。
② 不安な点、うまくいっていない点については行動変容技法の活用を含め、改善のための具体的支援を通して自己効力感を高める。

時間	対象者の活動の流れ	指導（はたらきかけ）	留意点（◎）、教材（＊）
3分		・笑顔で迎え入れ、対象者がリラックスして話せるような雰囲気づくりを心がける。 ・前回からの行動内容、気持ち・身体の変化を確認する。 ・日常の食事内容等の変化も確認する。	見た目のよい変化を捉え、評価の言葉を伝える。
15分	① 行動目標の取り組み状況の確認、行動目標の達成状況を確認する。	・行動目標の取り組み状況を確認し、モニタリングシートに基づき、行動目標の達成状況を本人と一緒に確認する。 ・体重、腹囲の改善状況を確認し、中間評価を行う。 ※体重2kg減、腹囲2cm減、 ・確立された行動については賞賛し【正の強化】、行動の継続を促す。	＊モニタリングシート（資料3） ◎目標（体重3kg減）には届かなかったが、継続により達成は可能であることを伝え、励ます。
	② 不安点の解決策を知り、行動変容を継続する自信（自己効力感）を高める。	**（不安点、疑問点・負担への支援）** ◆缶コーヒーを1日1本にするのは難しいが、もう少し試みてみたい。 → 2本目は低糖質のものを選ぶ（スモールステップ法） ◆営業で外回りの時に、健康づくり支援店をみつけられない。 → ファミリーレストランを活用し、エネルギー表示を活用する。	◎本人の現状をよく把握し、不安や負担が改善できるような方法をアドバイスする。
2分	次回の確認	・次回までの行動目標、取り組み内容を一緒に確認する。 ・本人の気持ちやニーズを確認・評価し、次回の指導にいかす。 ・次回セルフモニタリング用紙の持参を依頼する。 ・次回の日程の確認をする。	◎困ったことがあればいつでも相談に応じる気持ちを伝える。 次回予約表

※以後、計画に基づき行動変容が維持できるよう面接支援、E-mail支援を実施する。最終的な結果評価を6か月後に行う。

資料1. プランニングシート

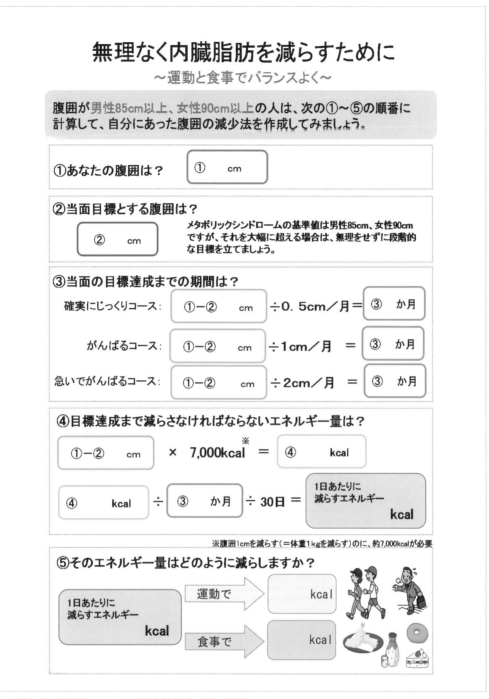

出典）保健指導における学校教材集（確定版）

資料2. 自己効力感尺度票

行動変容の内容	ほとんど できないと思う	あまり できないと思う	まあまあ できると思う	だいたい できると思う	確実に できると思う
昼食は週2回野菜の豊富な定食にする	1	2	3	4	5
缶コーヒーは1日1本にする	1	2	3	4	5
週末(週1回)は散歩をする	1	2	3	4	5

資料3. セルフモニタリングシート

	起床時の体重						
	月　日（　）	月　日（　）	月　日（　）	月　日（　）	月　日（　）	月　日（　）	月　日（　）
kg							
kg							
kg							
備考							

行動目標	実施状況	実施状況	実施状況	実施状況	実施状況	実施状況	実施状況	月間実施率
昼食は週2回、野菜の豊富な定食にする	×	○	×	×	×	○	○	50%
缶コーヒーは1日1本にする	○	×	×	×	○	×	×	33%
週末（週1回）は散歩をする	×	×	○	×	×	×	×	10%
管理栄養士のコメント								

〈参考〉

1) 武見ゆかり/赤松利恵編「栄養教育論理論と実践」医歯薬出版
2) 丸山千寿子、足立淑子、武見ゆかり編「健康・栄養科学シリーズ　栄養教育論改定第3版」南江堂
3) 「サクセス管理栄養士講座栄養教育論」第一出版
4) 中村正和、大島明著「禁煙セルフヘルプガイド」法研　2001
5) 「特定保健指導保健指導における学習教材集（確定版）」
　　http://www.niph.go.jp/soshiki/jinzai/koroshoshiryo/kyozai/
6) 「標準的な健診・保健指導プログラム」
　　http://www.mhlw.go.jp/bunya/kenkou/seikatsu/pdf/02.pdf
7) 日本栄養士会雑誌　Vol57．No9　pp.4〜14　（2014）

Chapter 4

2型糖尿病患者の指導

4-1 栄養アセスメント

▨ **作成日**　●年●月●日

▨ **相談者氏名**　○○○○　　▨ **性別**　女性　　▨ **年齢**　48歳

分　類	項目と詳細		
臨床診査	糖尿病罹患後10年経過時に精査加療目的に入院。退院後は外来通院を継続しているが、徐々に投薬量増量。受診は継続しており、尿糖/尿蛋白は陰性で現在のところ合併症の発症はない 職業：会社員　　自覚症状：なし　　食欲：あり 既往歴・治療歴：2型糖尿病、高血圧症、　　家族歴：両親とも糖尿病 服薬：経口血糖降下薬、インスリン療法導入、降圧剤		
身体計測	身長　154 cm	体重　83 kg	BMI　35.0 kg/㎡
	通常体重　65 kg	最高体重　85 kg	その他：特記事項なし
臨床検査	血　　圧　143/93 mmHg（基準値 140/90 mmHg 未満）		
	中性脂肪　198 mg/dL（基準値 150 mg/dL 未満）		
	LDL-C 143 mg/dL（基準値 140 mg/dL 未満）　　HDL-C 53 mg/dL（基準値 40 mg/dL 以上）		
	随時血糖　179 mg/dL（基準値 140 mg/dL 未満）　HbA1c 11.3%（目標値 7.0%未満）^{注1)}		
	尿糖 －　尿蛋白 －		
栄養・食生活	エネルギー 栄養素摂取状況	摂り過ぎが気になる：エネルギー（3日分の食事記録では1日の摂取エネルギーは約1000〜1300 kcal、たんぱく質は30〜40 g）	
	食品摂取状況	食品数が少なく、食事パターンが決まっている	
	朝食	ご飯、サラダ	
	昼食	朝食と同じ	
	間食	間食が増加（和菓子・スナック菓子）	
	夕食	ご飯180 g、惣菜を購入 調理が面倒で、週1、2回は菓子で済ませることがある	
	飲酒	しない	
	食知識・食スキル	乏しい。食事のバランスよりも摂取エネルギー量を気にしている	
	食行動・食態度	1日3食食べるが、調理するのは面倒。空腹感が強いと早食いになる	
	食環境	朝夕は自宅。昼は会社で食べる	
	食事の満足度	とくに不満はない	
	行動変容段階	熟考期〜準備期	
生活習慣	睡眠	6〜8時間　不眠等の問題なし	
	喫煙	吸わない	
	運動	しない	
その他	家族の協力	独居　近くに住む妹の協力あり	
	ニーズ	（検査値が）こんなに悪くなっていると思わなかった。体重を減らして病気を治したい。薬やインスリンの量が増えているので減らしたい	

注1）糖尿病患者における血糖管理目標値：糖尿病治療ガイド2022-2023

【栄養状態の判定】

「BMI35 kg/㎡、HbA1c10.1%、中性脂肪198 mg/dL、LDL-C143 mg/dL と高値を示していることから、遅い時刻の夕食や間食の摂取および食物・栄養に関連した知識不足が誘因となった、エネルギー摂取量過剰（NI-1.5）の状態」と判定する。

4-2 初回栄養指導　　　※ 行動変容ステージ「熟考期」から「準備期」への支援

場所 外来栄養指導室　　**指導時間** 30分

〈指導（はたらきかけ）のポイント〉

① 主治医からの指示事項や治療方針ならびに糖尿病と食習慣の関連、食事療法の必要性について、説明し、再確認できるよう導く。
② これまでの治療（食事療法）の取り組みやこれまでの食生活状況を振り返り、問題点を一緒に拾い出す。
③ 食事療法に取り組むことのメリット・デメリットを考えてもらい、患者自身が今後疾患とどう向き合っていくか、どう在りたいか意思を表明できるよう導く。
④ 食事改善に取り組むうえでの不安や負担を聞き出し、安心感が得られるようにアドバイスする。

時間	対象者の活動の流れ	指導（はたらきかけ）	留意点（◎）、教材（＊）
3分		・笑顔で迎え入れ、面談にきてくれたことをたたえ、緊張をときほぐす。 ・自己紹介および指導時間を確認し、了解を得る。	＊診療録 ＊栄養指導依頼書（資料1）
25分	① 治療方針を聞き、食事療法の必要性について再確認する。	・主治医からの指示事項や治療方針、検査データの推移などを確認し、パンフレットを用いて糖尿病の病態、食事療法の必要性について再確認のための説明をする。 （指示エネルギー量：1600 kcal、食塩6 g／日未満） ・糖尿病の治療では、インスリン依存・非依存に関わらず食事療法は治療の基本であることを説明する。 ・糖尿病罹患後10年を経過しており、合併症の発症および進展阻止のための食事療法の必要性を説明する。	＊診療録、検査データ ＊糖尿病用指導パンフレット(資料2) ＊疫学データ ◎対象者が食事療法の目的を十分に理解し、納得して進められるようにする。
	② これまでの治療（食事療法）の取り組み・食生活について振り返り、問題点を拾い出す。	・問診票から疾患に対する理解度、生活習慣の問題点を把握する。 ［体重が増えた（10年間で＋10 kg）。 HbA1cが10％を超え、インスリンの量が増えた。］ ・食品交換表を用いて、指示エネルギーに基づく単位配分を一緒に確認する。 ・食事記録から摂取している食品を表の区分ごとにあてはめ、過不足を一緒に確認する。 　✓　朝食・昼食は主食（表1）中心で、表2〜5は不足。 　✓　間食で2単位分のエネルギー量を摂っている。	＊問診票（資料3） ＊アセスメントシート ＊糖尿病食品交換表 ＊フードモデル ＊数日分の食事記録 ＊ワークシート(資料4) ◎問診票や食事記録、聞き取りの情報から問題点を掌握する。
	③ 食事療法に取り組むメリット・デメリットを考え、意思を表明する。	・本人の治療参画への意欲を確認する。 ・血糖コントロールを良好にするために、行動を変えることのメリット、現在の生活を続けることのデメリットについて理解を促し【自己の再評価】、今後どうありたいかについて、意思を表明できるようにする。	◎合併症防止における食事改善の重要性について説明する。
	④ 不安や負担に思っていることを話す。	・食生活を改めるうえで、不安な点や負担になっていることを聞き出し、対応法についてアドバイスする。 ＊夕食を作るのはおっくう 　→ 市販の惣菜や中食のメニューも組み合わせ次第で栄養バランスがとれることを説明する。 ＊イライラした時に菓子を食べられないのはつらい 　→ イライラを抑える別の方法を身につけることで食べ過ぎをうまく回避できることを説明する。 ・次回までに、できそうな改善目標を考えてもらう。	◎安心感が得られるよう、具体的なアドバイスを心がける。
2分	次回の日程を確認する。	・次回予約時刻を確定し、予約票と食事記録表を渡す。 ・会計伝票に指導料算定情報を記載し、患者へ渡す。	・栄養指導予約票 ・次回食事記録表 ・会計伝票

4-3 個別栄養指導 2 回目（初回から 2 週間後）　※ 行動変容ステージ「準備期」から「実行期」への支援

▨**場所**　外来栄養指導室　　▨**指導時間**　30 分（20 分以上）

〈指導（はたらきかけ）のポイント〉
① 前回からの気持ちの変化やモチベーションを確認する。
② 食行動の改善項目を一緒に拾い出し、優先度を考慮し達成可能な目標を設定できるよう導く。
③ 相談の上、行動開始日および評価の時期を決める。
④ 設定した目標について、モニタリングの方法を教える。

時間	対象者の活動の流れ	指導（はたらきかけ）	留意点（◎）、教材（＊）
5 分		・笑顔で迎え入れ、予定どおり面談にきてくれたことをたたえる。 ・診察時、医師からの病状説明や助言があったかを確認する【情報共有】	＊栄養指導予約票 ＊診療録
20 分	① 気持ちの変化を話して、食事改善に取り組む自信（自己効力感）を表出する。	・前回からの気持ちの変化を聞き出し、モチベーションや自己効力感の状況を確認する。	◎自己効力感が低い場合は、無理に目標設定を行わない。
	② 食行動の改善項目を拾い出し、目標設定を行う。	・今後の食生活について改善項目（問題点）を一緒に拾い出し、複数あれば優先順位を決めてもらう。 ・本人の意見を尊重するが、医療者側からみて優先度の高いものがあれば助言する。 結果目標：体重を減らす。 　　　　　⇒当面の目標は現体重の 5％減。 行動目標 　・主食の量を 120 g にする。 　・間食は 1 単位以下にする。 　・毎食、必ず野菜料理を 1 品摂る。 　・朝のテレビ体操を週 2 回行う。	◎指導者からの押しつけにならないよう気をつける。 ＊フードモデル（食事バランスや、間食の栄養成分表示が分かるもの） ＊食品交換表
	③ 行動開始日、評価の時期を決める。	・行動開始日、評価の時期と方法について話し合いのうえ、決める。 （例）1 か月後に、行動目標の実施状況、体重の変化について評価する。 ＊始める日を宣言してもらう【行動契約】	◎無理のないスケジュールを立てるようにする。
	④ モニタリングシートへの記録方法を確認する。	・食事記録、体重計測、服薬状況についてモニタリングシートへの記録方法を説明する。	＊モニタリング用紙（体重、食行動） ・食事記録（表の区分ごとに食品名と単位数を記載）
5 分	次回の日程を確認する。	・受診の継続、栄養指導の継続の意思を確認し、次回の日程を決定する。 ・指導料算定情報を記載し、会計伝票を渡す。	・次回予約票 ＊食事記録用紙

4-4 個別栄養指導3回目（2回目から1か月後）　　※ 行動変容ステージ「実行期」への支援

場所　外来栄養指導室　　**指導時間**　30分（20分以上）

〈指導（はたらきかけ）のポイント〉

① 食行動変容と目標に対する取り組みを確認する。達成状況の如何に関わらず、行動や気持ちに変化がみられたことを称賛する。
② 実行に伴う不安や結果に結びつかない行動に対して、改善のための具体的なアドバイスを行い、食事療法を継続できる自信（自己効力感）を高められるようにする。
③ 今後に対する患者自身の考えを聞きながら、継続受診と栄養指導のフォローの必要性を話す。

時間	対象者の活動の流れ	指導（はたらきかけ）	留意点（◎）、教材（＊）
3分		・予定通り来てくれたことをたたえ、1か月間の食事改善の取り組みをねぎらう。 ・診察時、医師からの説明や助言があったかを確認する【情報の共有】	＊診療録
25分	① 行動目標の達成状況を確認する。	・問診や食事記録、検査結果、診療録から行動計画の実施状況と設定目標の達成状況を確認する。 ・頑張ったことを聞き、達成度に関わらず、実施できたことを評価する【正の強化】 ・体重は不変 ⇐ 増えなかったことを評価する。 ・HbA1c8.3%↓ ⇐ 低下したことを評価し、食事改善の実施による効果であることを伝えて褒める。 ・食事記録から表ごとに単位の過不足を確認し、エネルギー量の概算（1300kcal/日）、栄養バランスの確認を行う。 ・できている点は褒め【正の強化】、継続実施への自己効力感を高める。できていない点については改善策を助言する。	＊検査データ（過去の推移もわかるもの） ＊食事記録表 ＊モニタリング用紙 ◎HbA1cは体重管理でさらに良好な結果に結びつくことを助言する。
	② 実行して不安に思うことを表出し、解決策の確認を通して、さらなる改善へつなげる自信（自己効力感）を高める。	・行動計画を実行しての不安や不満、負担になっていることを確認し、解決策について助言する。 ＊イライラした時におやつを食べてしまう。 ⇒深呼吸して気持ちを落ちつける【ストレスマネジメント】。本当に食べたいか自問してみる。 ⇒血糖をあげる菓子類は目につく所には置かない【刺激統制】 ＊検査値は下がるのに体重が減らない。 ⇒体重が増えないのはよいことと頑張りを評価する。 ⇒エネルギー量を気にして主食中心の食事なので、食事バランスを考慮してはどうか？ ＊食事のバランスを整えるのがうまくできない。 ⇒主食・主菜・副菜を確認してみる。 ・自己効力感を確認し、目標や計画を検討する。	◎対象者の思いを傾聴しながら食事療法の目標がずれないようサポートする。 ◎本人の不安や負担が改善し、自己効力感が高まるよう、具体的なアドバイスを行う。 ＊バランスのとれた献立例
	③ 継続受診と栄養改善の必要性を確認する。	・糖尿病は自覚症状が乏しいため受診を中断するケースがあることを説明する。 ・継続受診とともに栄養指導を行う必要性について、理解を促す。	◎実施状況により、次回の指導時期を決める。
2分	次回の確認をする。	・次回までの行動目標、行動計画を確認する。 ・指導料算定情報を記載し、会計伝票を渡す。	＊食事記録用紙 ＊モニタリング用紙

資料 1.

外来　栄養指導依頼書

1　回目

病名・合併症
- (1) 2 形糖尿病
- (2) 高血圧症
- (3) 肥満症
- (4) 脂質異常症

患者番号	
フリガナ 氏　名	
生年月日	年　　月　　日
性　別	
科　名	病棟

発行日　●●●● 年 ● 月 ● 日

医師の指示事項

栄 養 指 導 内 容：糖尿病の栄養食事指導をお願いします。
指示エネルギー量：1,600 kcal
指 示 た ん ぱ く 量：
指 示 脂 質 構 成：
そ の 他 指 示：栄養バランスを考えた食事の摂り方について指導をお願いします。
　　　　　　　　　　食塩相当量 6 g 未満

10 年前に糖尿病を指摘され治療開始。ストレスによる偏食があり、
10 年間で 10 kg 体重増加
昨年 HbA1c7％台だったが今年 4 月は 11.3％となり、かかりつけ医からの紹介により受診
主食は 120 g／食

依頼医師名　○○○○

２型糖尿病について

糖尿病は慢性的に血管（血液中）のブドウ糖が多くなる病気です。体の中で、糖質（炭水化物）は次のように、消化・吸収され、利用されます。

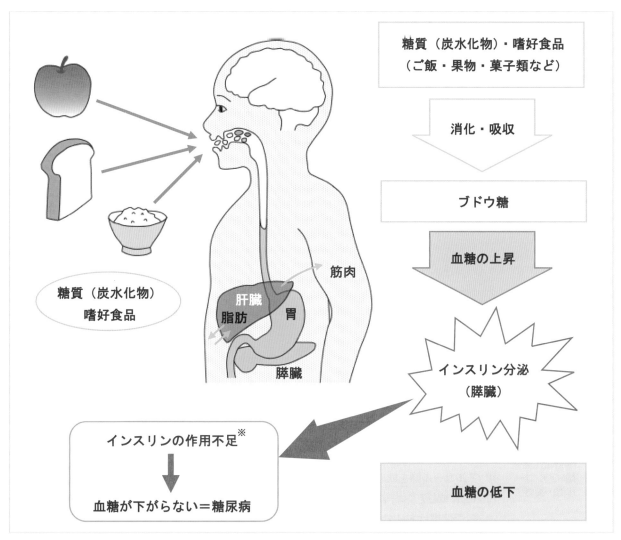

※インスリン作用不足は２つの原因があります。
①膵臓のインスリンを作る力が低下します。（インスリン分泌低下）
②インスリンに対する細胞の反応が低下します。（インスリン抵抗性）

血糖値が高い状態が続くと、自覚症状や合併症が起こりやすくなります。

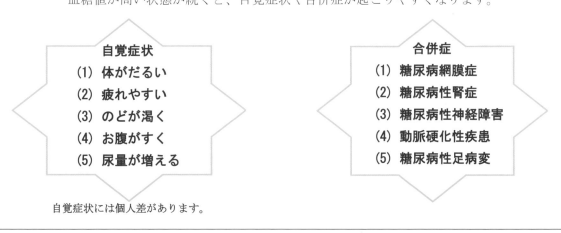

自覚症状には個人差があります。

問診票

記入日：　　月　　日

患者番号	
フリガナ	
氏　　名	
生年月日	年　　月　　日
性　　別	
科　　名	

「はい」「少し」「いいえ」の中から当てはまるものに〇をつけてください。

分野		NO	項　目	答えと点数						小計	合計
1	生活習慣病について	1	生活習慣病がどのような病気なのか知っていますか。	はい	3	少し	2	いいえ	1	2	8
		2	生活習慣病の治療法を知っていますか。	はい	3	少し	2	いいえ	1	1	
		3	なぜ食事療法が必要なのかを理解していますか。	はい	3	少し	2	いいえ	1	3	
		4	ご自分の目標体重や目標検査データを知っていますか。	はい	3	少し	2	いいえ	1	1	
		5	1日の摂取エネルギー量を知っていますか。	はい	3	少し	2	いいえ	1	1	
2	食事内容	6	嗜好的に偏りのない食事だと思いますか（塩分、油物が多い等）。	はい	3	少し	2	いいえ	1	2	11
		7	栄養的にバランス（主食＋主菜＋副菜）はよいと思いますか。	はい	3	少し	2	いいえ	1	2	
		8	外食や宅配食はほとんど利用しない。	はい	3	少し	2	いいえ	1	2	
		9	（朝・昼・夕）食の量はだいだい均等ですか。	はい	3	少し	2	いいえ	1	3	
		10	食事量はあなたにとって適量だと思いますか。	はい	3	少し	2	いいえ	1	2	
3	食行動	11	食事には十分時間をかけますか。よくかみますか。	はい	3	少し	2	いいえ	1	2	14
		12	1日3食食べますか。（欠食や4回以上、夜食等はない）	はい	3	少し	2	いいえ	1	3	
		13	食事時間は規則的ですか。	はい	3	少し	2	いいえ	1	3	
		14	腹8分目にしていますか。	はい	3	少し	2	いいえ	1	3	
		15	ダラダラ食いはしていませんか。	はい	3	少し	2	いいえ	1	3	
4	嗜好品（菓子類・アルコール類・喫煙）	16	清涼飲料水やスポーツ飲料は飲みますか。	はい	1	少し	2	いいえ	3	3	14
		17	菓子類や果物を間食に食べますか。	はい	1	少し	2	いいえ	3	2	
		18	アルコール類を飲む機会が多いですか。	はい	1	少し	2	いいえ	3	3	
		19	1回に飲むアルコールの量は多い方だと思いますか。	はい	1	少し	2	いいえ	3	3	
		20	喫煙習慣はありますか。	はい	1	少し	2	いいえ	3	3	
5	運動	21	運動習慣はありますか。	はい	3	少し	2	いいえ	1	2	9
		22	歩くことを心がけていますか。	はい	3	少し	2	いいえ	1	2	
		23	生活習慣病の運動療法を知っていますか。	はい	3	少し	2	いいえ	1	1	
		24	運動を行う際の注意点を知っていますか。	はい	3	少し	2	いいえ	1	2	
		25	どのような運動が有効か知っていますか。	はい	3	少し	2	いいえ	1	2	

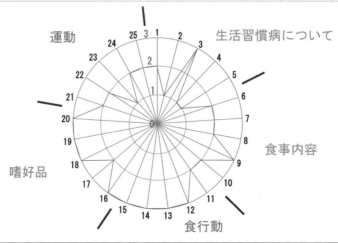

糖尿病食品交換表を使用したワークシート

＊指示エネルギーを単位変換してみましょう。

(例) 指示エネルギー量が 1600 kcal の場合
    1600 kcal ÷ 80 kcal ＝ 20 単位

指示エネルギー

[   ] kcal ÷ 80 kcal ＝ [   ] 単位

私の 1 日の単位は [   ] 単位です。

＊食品交換表を使って 1 日の単位を配分してみましょう。

食品 交換表	表1	表2	表3	表4	表5	表6	調味料
食品の種類	ごはん パン、麺 いもなど	果物	魚介、大豆 大豆製品 卵、チーズ 肉	牛乳 ヨーグルト	油脂類	野菜、海藻 きのこ こんにゃく	みそ、砂糖 みりん
1日の 指示単位							
朝食							
昼食							
間食							
夕食							

＊今日 1 日の食事内容を単位変換してみましょう。

	表1	表2	表3	表4	表5	表6	調味料
朝食							
昼食							
間食							
夕食							
合計							

〈参考〉
- 糖尿病治療ガイド 2022-2023　日本糖尿病学会編・著
- 糖尿病の食事療法 Q＆A　チーム医療のための糖尿病レクチャー Vol.2　No.1　2011
- (公社) 日本栄養士会医療事業部「糖尿病栄養食事指導マニュアル」
- (公社) 日本栄養士会医療事業部「栄養食事指導が効果的であることを証明する調査研究」報告

Chapter 5

安定期の慢性閉塞性
肺疾患（COPD）患者への指導

COPD : Chronic obstructive pulmonary disease

5-1 栄養アセスメント

- 🔲 **作成日** ●年●月●日
- 🔲 **相談者氏名** ○○○○ 🔲 **性別** 男性 🔲 **年齢** 68 歳

分 類		項目と詳細
臨床診査		・労作時に呼吸困難感が出現し、禁煙を開始するが息苦しさが徐々に増強、夜間に 　息苦しく目覚めることが続き、不安感が強い ・生活に必要な活動には支障ないが、身体を動かすことがつらくなってきた ・吸入薬：長時間作用性抗コリン薬（LAMA） ・消化器症状：悪心、嘔吐、下痢などの症状はないが、腹部膨満感あり ・食欲：呼吸困難感が強く、食欲低下あり。最近の6か月間に体重が5kg減少
身体計測		身長　165.0 cm　　　体重　51.5 kg　　　BMI　18.9 kg/m²
		上腕周囲長　　20.5 cm　　上腕三頭筋皮下脂肪厚　　4 mm　　上腕筋囲　　19.2 cm 　　（AC）　　　　　　　　　　　（TSF）　　　　　　　　　（AMC）
臨床検査		$FEV_{1.0}$（1 秒量）[1]　1.04 L、% $FEV_{1.0}$（対標準 1 秒量）[2]　48.0%（高度の気流閉塞） Alb　3.9 g/dL、CRP　0.28 mg/dL
栄養・食生活	エネルギー 栄養素摂取状況	不足が気になる：エネルギー、たんぱく質、脂質
	食品摂取状況	不足が気になる：穀類、魚介類、獣鳥肉類、油脂類
	朝食	米飯（茶碗1杯）、みそ汁、納豆、野菜サラダ
	昼食	パンと果物程度の軽食
	間食	間食：野菜ジュース
	夕食	米飯（茶碗1/2）、野菜の煮物など
	飲酒	飲む（頻度：毎日、種類：日本酒、量：1〜2合）
	食知識・食スキル	COPDの栄養管理に関連した知識は、ほとんどない（妻も同様） 本人：調理はほとんどしない。毎日の食事作りは妻が行う
	食態度・食行動	体重減少が気になっているため、食事改善に取り組む意欲はある 食事は自宅が多く、外食はしない
	食環境	昼はひとりで食べることが多い
	行動変容段階	準備期〜実行期
生活習慣	喫煙	現在は禁煙しているが、喫煙歴は40年
	運動	息苦しいため、運動しない
その他	家族の協力	妻はサークルで忙しいが、協力は得られそう
	ニーズ	今後、体重が減少しないように栄養管理の方法を知り、すぐに 実行したいが、家族には迷惑をかけたくないと思っている 　{家族構成：妻（同居）、長男夫婦は遠方}

[1]$FEV_{1.0}$（1 秒量）：努力呼出曲線から求められる 1 秒間の呼出量

[2]COPD の診断は 1 秒間にどれだけ多く息をはけるかを示す 1 秒率を用いる。COPD の病期分類は、%$FEV_{1.0}$（予測 1 秒量に対する比率）を用い、気流閉塞の程度により分類する。

【栄養状態の判定】

「6か月の体重減少率 8.8%、BMI 18.9 kg/m²、$FEV_{1.0}$ 48.0%がみられることから、
エネルギー消費の亢進が原因である、
たんぱく質・エネルギー摂取不足（NI-5.3）の状態」と判定する。

5-2 初回栄養指導　※ 行動変容ステージ「準備期」から「実行期」への支援

▦ **場所**　外来栄養指導室　　▦ **指導時間**　30分（妻同席）

〈指導（はたらきかけ）のポイント〉
① COPDの代謝亢進と体重減少の関係を説明する。
② 日常の食事を聞き取り、高エネルギーおよび高たんぱく質の食品や料理を紹介し、自己効力感を高められるようにする。
③ 患者の実行可能な目標の設定ができるようにする。
④ モニタリングシートの書き方を説明する。
⑤ 家族からのサポートが受けられるようにする。

時間	対象者の活動の流れ	指導（はたらきかけ）	留意点（◎）、教材（＊）
3分		・本人と妻がリラックスして話せるような雰囲気づくりを心がける。	◎歩いてきて疲れていないかを確認し、呼吸状態が安定するのを待ち、進める。
25分	① COPDの代謝亢進と体重減少の関連を本人と妻が把握する。	・COPDの代謝亢進状態を本人と妻へ説明する。 ・摂取エネルギー量が低下する要因を説明する。 ・食事摂取時における呼吸困難感と体重減少の関連を説明する。 （呼吸筋が消費するエネルギー量を示す） 　COPD患者：430〜720 kcal/日 　健常者：36〜76 kcal/日	＊COPDの「やせ」の原因（資料1） ◎健常者と比較して呼吸に多くのエネルギーを消費していることをわかりやすく説明する。
	② 日常の食事を振り返り、日常の食事でエネルギーやたんぱく質を増やす方法を考える。	・昨日食べたものを、本人と妻から聞き取る。 ・高エネルギー食の工夫、高エネルギー、高たんぱく食品、栄養補助食品、治療用特殊食品等を紹介する。 ・自己効力感が高まるようにする。	＊食事聞き取りシート（24時間思い出し法等） ＊フードモデル ＊油を使用した高エネルギー食の工夫（資料2） ＊高エネルギー・高たんぱくの栄養補助・治療用特殊食品（資料3）
	③ 呼吸困難感、消化器症状を考慮し、実行可能な目標を決める。	・食事中の動作による呼吸困難感を聞き取り、改善策を具体的に助言し、行動目標の設定を促す【目標設定】 ・本人の経済状況と嗜好を考慮したうえで栄養補助食品の使用を説明する。 （例）結果目標：現体重維持、2か月後に体重1kg増やす。 　　　行動目標：少量ずつ食事回数を増やす。 　　　　　　　エネルギーやたんぱく質の多い食品から食べる。 　　　　　　　○○の栄養補助食品を利用する。	＊食事中の呼吸困難緩和の対処法（資料4） ◎患者の意向を踏まえ栄養補助食品の使用を勧める。 ＊体重・行動目標等モニタリング用紙
	④ モニタリングシートの書き方を確認するとともに、今後の意気込みを述べる。	・モニタリングシートの書き方を説明する。 ▽毎朝、排便後の体重を測定し、記録表にプロットする。 ▽行動目標は、1日を振り返り、できたら○をつける。 ▽メモ欄に食事時の呼吸困難感の症状を記載しておく。 ・今後の意気込み、自己効力感などを確認する。 【自己の解放】【自己効力感】	◎記録方法を具体的に説明する。 ＊モニタリング用紙 ◎意気込みや自己効力感が低い場合は、再度行動目標を検討し意気込みや自己効力感を高められるようにする。
	⑤ 本人が家族（妻）に食事作りの協力を求める。	・本人が妻に協力してほしいことを具体的に（外出する際は、弁当を作ってほしい等）話せるよう誘導する。 【ソーシャルサポート】	◎本人が具体的な依頼ができない場合は管理栄養士から妻に依頼する。
2分	次回の確認	・次回の相談日にモニタリングシートを見せてほしいことを頼み、次回の相談日を確認する。	次回の予約表

5-3 2回目栄養指導（2か月後）　　※ 行動変容ステージ「実行期」の支援

■場所　外来栄養指導室　　**■担当者　指導時間**　30分

〈指導（はたらきかけ）のポイント〉

① 体重の変化、食欲、呼吸困難感、家族の協力体制を確認する。
② 行動目標の達成状況を確認し、自己管理ができている場合は称賛し、引き続き継続できるよう励ます。
③ 自己管理ができていない場合、または自己管理ができていても、体調や食事について不安なことや、
　うまくいっていないことがないかを確認し、それを解決するための方法を提案する。
④ 目標の見直しを行い、継続的な自己管理を促す。

時間	対象者の活動の流れ	指導（はたらきかけ）	留意点（◎）、資料（＊）
3分		・その後の体調や、日常生活で変化したことなどを聞き出し、変化の様子を観察する。	◎記録表からはみえてこない変化の様子を観察する。
25分	① 体重の変化、呼吸困難感、家族の協力状況を確認する。	・モニタリングシートを一緒に確認し、体重の変化、食欲、食事時の呼吸困難感を確認する。 ・家族（妻）によるソーシャルサポートの状況を確認する。	
	② 行動目標の達成状況を振り返る。	・行動目標の達成状況を確認する。 ・自己管理できている行動は称賛し、行動継続を促す。【オペラント強化】	◎目標達成のために、無理をしていないか等を確認する。
	③ 体調や食事について不安なことやうまくいかないことを伝え、解決策を見出す。	・体調や食事について、不安なこと、負担になっていることがないかを聞き出し、対処法についてアドバイスをする。 （例）患者の訴え⇒本人へアドバイス ◇腹部膨満感があり、食事量を増やすことができない。 　⇒ガスを産生する食品を控える。 ◇高エネルギー食品は、脂っこくて食べられない。 　⇒分割して食べる、治療用特殊食品を利用する。 ◇肉は固くて食べられない。 　⇒食べやすいように一口大にして提供してもらう。 ◇食事を摂取することに疲れる。 　⇒咀嚼中に口すぼめ呼吸をする、食事中の姿勢を変える（肘をテーブルについて食べる）、軽い食器を使用するなどを提案する。	◎症状には個人差があるため、患者の訴えに応じた対処法を提案する。 ＊ガスを産生しやすい食品（資料5）
	④ 目標の見直しをする。	・本人の症状、気持ちを確認して、無理なく実施できる目標（体重、行動目標）の設定を促す。 ・モニタリングシートの継続記録を促す。	＊モニタリング用紙
2分	次回の確認をする。	・次回の相談日を決める。	＊次回の予約表

資料 1. 「やせ」の原因

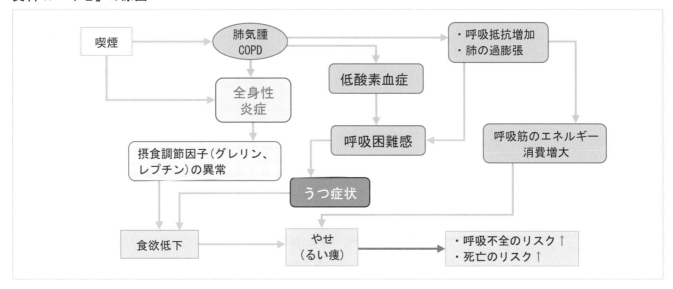

資料 2. 油を使用した高エネルギー食の工夫

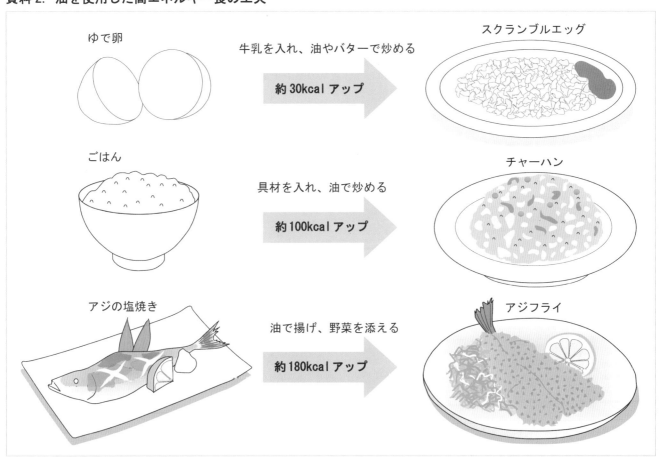

資料 3. 栄養補助食品、治療用食品の利用

資料4. 食事中の呼吸困難感等の対処法

食欲不振	エネルギーの高い食事から食べる
	可能なかぎり好きな食物を取り入れる
	食事回数を増やす
	呼吸器疾患と栄養の意義を理解させる
	食べられる量を一皿に盛り分ける
	栄養補助食品の利用
すぐに満腹	エネルギーの高い食事から食べる
	食事中の水分摂取を控える、炭酸飲料は避ける
	冷たい食事のほうが満腹感が少ない
息切れ	食事の前に十分な休憩をとり、ゆっくりと食べる
	気管支拡張薬の使用、食前の排痰
	咀嚼中の口すぼめ呼吸、食事中の姿勢、軽い食器の利用
	食事中の酸素吸入量の検討
疲労感	食事前の十分な休息
	食事の準備に手間をかけない
	食事中の動作の単純化
	疲労感の少ない時間帯にできるだけ食べる
腹満感	息切れを緩和して、空気の嚥下を避ける
	少量ずつ回数を増やす
	急いで食べない
	ガスを産生する食物、食材を避ける
便秘	適度な運動と繊維質の多い食事
歯周病	適切な歯科の治療、口腔ケア

資料5. ガスを産生しやすい食品

消化管内でガスを出すような食品は、お腹を膨らませ、食事量が減る原因となります。
いも類、炭酸飲料、ビールなどを多く摂り過ぎないように注意してください。

さつまいも

とうもろこし

だいず

サイダー

炭酸飲料

ビール

Chapter 6

誤嚥性肺炎に対し不安を感じている在宅患者への指導

6-1 栄養アセスメント

※作成日 ●年●月●日
※相談者氏名 ○○○○ **※性別** 男性 **※年齢** 75歳

分　類	項目と詳細		
臨床診査	・60歳時に高血圧を指摘され治療を開始 ・2年前に脳梗塞を発症し入院治療後、リハビリテーションを受け退院。その後、誤嚥性肺炎で再入院したが、6か月前に退院となった ・左上下肢に軽度の麻痺があるため、現在はホームヘルパーの支援を受けながら日常生活を過ごしている（要支援1） ・誤嚥性肺炎の治療後、体重が4kg減少 ・意識レベル[1]：Japan coma scale（JCS）Ⅰ－1であり、食欲低下も認めず ・嚥下機能評価：嚥下造影検査では軽度の嚥下反射遅延を認めたが、経口摂取について問題はみられない ・ADL：歩行、移動は時間がかかるが、自立 　　　　洗面、入浴、トイレ動作も時間はかかるが可能 ・食事は自助食器使用で自立		
身体計測	身長　157.0cm	体重　48.0kg	BMI　19.5kg/m²
	上腕周囲長 （AC）　22.5cm	上腕三頭筋皮下脂肪厚 （TSF）　6mm	上腕筋囲 （AMC）　20.6cm
臨床検査	Alb　3.7g/dL（基準値 4.1～4.9g/dL）、CRP　0.2mg/dL（基準値 0.3mg/dL以下） 血圧　140/77mmHg（基準値 140/90mmHg未満） ＊薬剤：降圧薬、抗凝固薬（ワルファリン）		
栄養・食生活	エネルギー 栄養素摂取状況	摂り過ぎが気になる：ナトリウム 不足が気になる：糖質、たんぱく質、脂質	
	食品摂取状況	摂り過ぎが気になる：食塩 不足が気になる：獣鳥肉類、油脂類	
	朝食	お粥（茶碗1杯）、みそ汁、炒り卵、野菜サラダ	
	昼食	食パンと野菜サラダ	
	間食	間食：菓子パン	
	夕食	お粥（茶碗1杯）、みそ汁、焼き魚、野菜の煮物など	
	飲酒	飲む（頻度：週2～3回、種類：日本酒、量：1合）	
	食知識・食スキル	誤嚥予防に関する栄養管理の知識は、ほとんどない ゆっくりではあるが、自分の食事を作ることはできる	
	食態度・食行動	誤嚥予防のためにも、食事改善の意欲は高い 3食食べているが、主食をお粥にしている	
	行動変容段階	準備期～実行期	
	食環境	買い物はヘルパーにお願いしている	
その他	口腔衛生	義歯を使用。歯磨きは自立にて行う	
	ニーズ	誤嚥を防ぎ、自分の好きなものを口から食べ続けたい	
	家族の協力	家族は妹がいるが、同居しておらず週末のみ支援が可能。主な介護者はホームヘルパー。妹には迷惑をかけたくない	

[1] 意識レベル Japan coma scale（JCS）：意識レベルの確認方法で1桁であれば覚醒している。

【栄養状態の判定】

「6か月の体重減少率7.5%、BMI 19.5kg/m²であることから、
誤嚥性肺炎による経口摂取量の減少が誘因となった、
たんぱく質・エネルギー摂取不足（NI-5.3）の状態」と判断する。

6-2 初回栄養指導　※ 行動変容ステージ「準備期」から「実行期」への支援

☒ **場所**　在宅　　☒ **指導時間**　50分（保健師、ホームヘルパー同席）

〈指導（はたらきかけ）のポイント〉
① 食事に対する要望、困っていることを確認する。
② 摂食嚥下機能の状態を説明する。（保健師同席）
③ 食事摂取時のむせや誤嚥を予防するための「食前の準備」および「食事の食べ方」を説明する。
④ 「食材の特徴」や誤嚥を予防するための「料理作りの工夫」を説明する。
⑤ 患者の嚥下状態を考慮した食事摂取の目標設定を促す。
⑥ ホームヘルパーにも、誤嚥を防止する食事作りの理解を促し、協力を求める。

時間	対象者の活動の流れ	指導（はたらきかけ）	留意点（◎）、教材（＊）
10分		・自己紹介をする。 　患者に信頼してもらえるよう、話し方、服装、表情などに気をつける。 ・体調の確認をするなどして、話しやすい雰囲気をつくる。	◎常に訪問しているスタッフとともに訪問し、紹介をしてもらう。 ◎信頼関係の構築に努める。
35分	① 食事に対する要望、困っていることなどを伝える。	・事前に確認した食事に対するニーズ（誤嚥を防ぎ、好きなものを口から食べ続けたい）を再確認する。 ▽好きな食べ物、誤嚥しやすい食べ物、食事で困っていることなどを具体的に聞く。	◎サポートの姿勢を示す。
	② 摂食嚥下機能の現在の状態について説明を聞く。	・本人に摂食嚥下機能の状態を説明し、経口摂取への不安を取り除く。	◎主治医、訪問歯科医、訪問看護師との情報共有を行い、口腔機能の状態を把握しておく。
	③ 食事の前の準備、食事の食べ方を把握する。	・食事摂取時のむせや誤嚥を予防するための「食前の準備」および「食事の食べ方」を説明する。	◎嚥下体操の方法を一緒に行い、説明する。 ＊食前の準備（資料1） ＊食事の食べ方の確認（資料2）
	④ 食材の特徴や作り方のコツを把握する。	・嚥下の観点から捉えたときの「食材の特徴」や誤嚥を予防するための「料理作りの工夫」を説明する。	＊食材の特徴（資料3） ＊料理作りの工夫（資料4）
	⑤ ADLを考慮し、実行可能な目標を決める。	・食事動作の困難感を聞き取り、改善策を具体的に考え目標の設定を促す。 〈結果目標〉 　誤嚥性肺炎の防止と併せて、1か月後に体重1kg増を目指す。 〈行動目標〉 ・昼食に牛乳を毎日摂取する。 ・野菜サラダには、ドレッシングやマヨネーズをかける。	◎結果目標は体重ではなく、生きがいなどを目標にするのもよい。 ◎行動目標の設定においては、誤嚥防止および残存機能を低下させないよう工夫する。
	⑥ ホームヘルパーも本人の行動目標や具体的な食事作りの工夫を把握する。	・ホームヘルパーにも、食材の特徴、料理作りの工夫を説明するとともに、対象者の目標を説明し、協力を依頼する【ソーシャルサポート】 ・食事の際のむせの状況や食事の変化、目標の実施状況等を観察し、日誌にメモをしてもらうよう依頼する。	◎ホームヘルパーと情報の共有を図り、協力を求める。 ＊資料3 ＊資料4
5分	次回の確認をする。	・次回の相談日を決め、体調の変化、食事の変化について伝えてほしいことを、本人とヘルパーに頼んでおく。 ・次回の相談日を確認しておく。	次回の予約表 主治医、ケアマネージャーとの調整

▨実施日　●年●月●日　▨場所　在宅　▨指導時間　35分

〈指導（はたらきかけ）のポイント〉
① 体重や体調の変化、食欲、行動目標の達成状況およびホームヘルパーの協力体制を確認する。
② 自己管理ができている場合は称賛し、引き続き継続できるよう励ます。
③ 自己管理ができていない場合、または自己管理ができていても、体調や食事について不安なことや、うまくいっていないことがないかを確認し、それを解決するための方法を提案する。
④ 目標の見直しを行い、継続的な自己管理を促す。

時間	対象者の活動の流れ	指導（はたらきかけ）	留意点（◎）、教材（＊）
10分	最近の体調、気持ちの変化等を話す。	・患者がリラックスして話せるような雰囲気づくりを心がける。 ・体重の変化、日常の「むせ」の状態等を確認する。 ・前回からの気持ちの変化を確認する。	◎前回から今回までの身体状況や気持ちの変化などを、十分に聴く。
20分	① 行動目標の実施状況を振り返る。	・行動目標の実施状況を、振り返ってもらい、おおよその状況を口頭で確認する。 ・ホームヘルパーにも、日誌等を用いて食事の際のむせの状況や食事の変化、目標の実施状況を確認する。 ・自己管理できている行動は称賛し行動の継続を促す。 【オペラント強化法】	◎目標達成のために無理をしていないか等を確認する。 ◎体調、顔色などを確認しながらコミュニケーションを図る。
	② 体調や食事について不安なことや、うまくいかないことを伝えて、解決策を見出す。	・体調や食事について、不安なこと、負担になっていることがないかを聞き出し、対処法についてアドバイスをする。 （患者の訴え⇒アドバイス） ・お粥だとお腹がすく、飽きる。 ⇒間食を取り入れる（プリン、ゼリーなど）。 　卵や魚のほぐし身を入れ、おじやにする。 ・煮魚ばかりだと飽きる。 ⇒肉やスーパーの惣菜など、とろみをつけて食べる。 ・エネルギーを増やす方法を知りたい。 ⇒食事の姿勢に注意して、「やわらかごはん」を食べてみる。	◎個人の訴えに応じた解決策を提案する。 ＊市販品の利用（資料5） ◎資料2、資料5に基づき、食事に関する注意事項をもう一度確認する。
	③ 目標の見直しをして、ホームヘルパーに協力してほしいことを伝える。	・本人の状況、気持ちを確認して、無理なく実施できる目標（行動目標、体重）の設定を促す。 ・本人とホームヘルパーのコミュニケーションの場を設定し、引き続き協力を依頼する。	◎患者に、日誌などへの記入が可能かどうか確認し、できそうなら記録を進める。
5分	次回の確認	・次回の相談日を決める。 ・途中で相談したいことがあれば、いつでも電話などで連絡してほしいことを伝え、連絡先を伝える。 ・前回と同様に、次回も、体調や食事の変化について、伝えてほしいことを、本人とヘルパーに頼んでおく。	＊次回の予約表 ◎主治医、ケアマネージャーに報告する。

資料1. 「食べること」への意識を向上させる食前の準備

嚥下体操で
身体の準備

手や口、のどを
すっきり、きれいに

手だけでなく、口の中もきれいにしましょう。
のどにたまっている唾液や痰も出しておきます。

ゆったりと静かに落ち着ける環境を整えましょう。
食事に集中することが大切です。

資料2. 食事に関する注意事項

▓ テレビなどのにぎやかなものから離れて落ち着きましょう

▓ ゆったり落ち着いた気持で食卓につきましょう

▓ 最初の一口をとくに大切にして、よいスタートを切りましょう

▓ 一口に頬張らないで少しずつ口に入れましょう

▓ ゆっくり噛んで味わってから飲み込みましょう

▓ 口腔内に食物があるときは、よく噛むことに集中しましょう

▓ しっかりと飲み込んでから次の食物を食べましょう

▓ むせてしまったら咳をして、しっかり出しましょう

▓ 食後はきれいに歯磨きをしてさっぱりしましょう

楽しくおいしいお食事を

資料3. 食材の特徴

加熱しても軟らかくなりにくいもの
かまぼこ、こんにゃく
貝類、いか、ハム
油揚げ、きのこ類
長ネギ、白滝

硬いもの
ナッツ類
さくらえび、ごま
炒り大豆
焼肉、生野菜

厚みのないもの
焼き海苔
わかめ
レタス、きゅうり

パサパサしたもの
パン
ふかし芋、ゆで卵
焼き魚、凍豆腐

線維の強いもの
青菜類、ごぼう、筍
蓮根、かんきつ類の房
パイナップル

酸っぱいもの
酢の物

液状のもの
水、お茶
清まし汁
みそ汁

バラバラとまとまりにくいもの
きざみ食
ふりかけ、佃煮
長ネギ

噛みにくい ⟶ 飲み込みにくい

資料4. 料理づくりの工夫

調理の際、あんかけ料理、いも類を使用してとろみをつける等の工夫をすると飲み込みやすい。（煮物、シチュー、ポタージュなど）

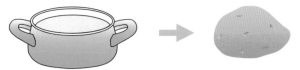

摂食嚥下機能によって、増粘食品（とろみ剤）を使用して料理することで誤嚥を防ぐことができる。きざみ食やミキサー食は、口腔内で食塊をつくりにくいため、「だし」などでとろみをつけると飲み込みやすくなる。

資料5. 市販食品の利用

エネルギー摂取量を維持するために、市販食品を利用してみる。

「やわらかごはん」「やわらかおかず」など、飲み込みやすく調整されている食品を利用してみる。

とろみ剤を利用して飲み込みやすく仕上げる。（粉末タイプ、液体タイプなど用途に応じて使用）

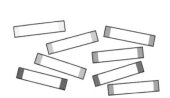

〈参考〉 1) 奈良信雄著「臨床検査ハンドブック第5版」医歯薬出版 2014
2) 向井美恵、鎌倉やよい編「摂食・嚥下障害ベストナーシング」 学研メディカル秀潤社 2014
3) 日本摂食・嚥下リハビリテーション学会編「摂食・嚥下障害患者の栄養」医歯薬出版 2011
4) 若林秀隆、藤本篤士編「サルコペニアの摂食・嚥下障害」医歯薬出版 2013
5) 医療情報科学研究所編「病気がみえる Vol.4 呼吸器」メディックメディア 2013

Chapter 7

脳卒中後遺症による
左上下肢機能障がい者
への指導

7-1 栄養アセスメント

◪作成日 ●年●月●日

◪相談者氏名 ○○○○ **◪性別** 男性 **◪年齢** 70歳

分　類	項目と詳細
臨床診査	障害支援区分：2　　　　障害名：脳卒中後遺症による左上下肢機能障害 昨年2月に脳卒中を発症し入院。後遺症として左上下肢の麻痺、感覚障害が残る。約半年で退院し、その後当施設に入所し、リハビリを実施。今年の4月より介護サービスを受けながら在宅生活を再開し、3か月が経過。障害のため、食事づくりが面倒でレトルト食品が多くなったためか、体重が3kg減少した。また、活動量が少ないので、筋力も低下気味。 既往歴：高血圧症　　　服薬等：血圧降下剤 サービスの利用状況：通所リハビリテーション（デイケア）[注1]　2回/週 　　　　　　　　　　訪問介護（ホームヘルパー）[注2]　2回/週（買い物、掃除、洗濯）
身体計測	身長　170.0 cm　　　　体重　53.0 kg　　　　BMI　18.3 kg/m²
臨床検査	血圧　135 mmHg/89 mmHg（服薬によりコントロール）（基準値：130/85mmHg 未満） 血糖、脂質関係の検査値は基準値内
栄養・食生活等	**エネルギー栄養素摂取状況**　取り過ぎが気になる：ナトリウム／不足が気になる：エネルギー、たんぱく質
	食品摂取状況　摂り過ぎが気になる：インスタント、レトルト食品／不足が気になる：魚類、大豆製品、野菜類
	朝食　ご飯、インスタントのみそ汁　お腹が空かない時は欠食することがある
	昼食　お茶漬け、即席めんなどの利用が多い
	夕食　冷凍ピラフ、レトルト食品が多いが、ヘルパーに依頼して弁当や総菜を購入してもらうこともある
	間食・夜食　ほとんど食べない
	飲酒　なし
	食知識・食スキル　ほとんどない。食塩の取り過ぎは血圧によくないという意識がある。右利きなので、右手で簡単な調理操作はできる。電子レンジは使える
	食態度・食行動　体重回復のために、食事をしっかり摂りたいという意欲がある
	食環境　買物はヘルパーに依頼している。食事の準備は自分でしているが、台所の機能性が十分ではなく、元のようには調理できない
	食事の満足度　できれば、もっと自然の食材を食べたい
	行動変容段階　準備期
生活習慣	**睡眠**　眠れない時がたまにあるが、今のところ問題はない
	喫煙　もともと吸わない　　**運動**　していない
その他	**家族の協力**　1人暮らしで家族の協力はない
	本人のニーズ　以前通っていたパソコン教室にもう一度通いたい。体重や体力を回復させるための食事の摂り方が知りたい

注1）通所リハビリテーション（デイケア）：施設でのリハビリを受けられるサービス。自宅から送迎サービス有り

注2）訪問介護（ホームヘルプ）：自宅で、入浴、排泄、食事、買い物などの支援が受けられるサービス

【栄養状態の判定】

「意図しない体重減少がみられることから、
食物・栄養に関連した知識不足が誘因となった、
エネルギー・たんぱく質摂取量不足（NI-5.5.3）の状態」と判定する。

7-2 初回栄養指導　　※ 行動変容ステージ「準備期」から「実行期」への支援

■**場所**　通所リハビリテーション施設の相談室　　■**指導時間**　40分

面談同席者：介護支援専門員(相談に対する助言や連絡調整等の支援を行う他、サービス利用計画の作成を行う)
　　　　　　管理栄養士、理学療法士（PT）、作業療法士（OT）

〈指導（はたらきかけ）のポイント〉
① 現在の体調、生活状況ならびに対象者のニーズや意向を聴く。
② 多職種協働による栄養ケア計画（資料1）のイメージを伝える。
③ アセスメントシートを活用し、身体状況及び生活習慣、食生活の状況を一緒に振り返り、解決すべき問題点、改善点を拾い出す。スタッフと対象者間での共通理解を図る。
④ 生活で不安な点を聞き取り、対応策をアドバイスする。障害福祉サービスでの対応の可能性も説明する。
⑤ 拾い出した問題点について、達成可能な目標が設定できるように支援する。
⑥ 設定した目標について、モニタリングの方法を説明する。

時間	対象者の活動の流れ	指導（はたらきかけ）	留意点（◎）、教材（＊）、評価（☆）
5分		・相手の目線の高さで挨拶、自己紹介を行う。 ・緊張感がほぐれるように、少し雑談をした後に、予定時間を確認し了解を得る。	※個人調査表 ◎本人が楽な姿勢でいられるよう声かけする。
30分	① 現在の状況、栄養ケアへの意向とニーズを話す。	・現在の体調、生活の状況を確認する。 ・栄養ケアに対する対象者の意向やニーズを話してもらう。 （今後の希望） 「体重を戻し、体力をつけてパソコン教室に通いたい。そのために適切な食事が摂れるようにしたい」	◎遠慮なく話してもらえるよう、受容の姿勢を心がける。
	② 多職種協働による栄養ケア計画のイメージを把握する。	・対象者の意向を踏まえ、目標達成のための多職種協働による栄養ケア計画（資料1）を説明し、理解を得る。 ・デイケア利用時の空き時間を活用し、いつでも相談や計画の見直しが可能であることを伝える。	＊栄養ケア計画のイメージ（資料1）
	③ 身体状況、生活状況を振り返り、改善項目を拾い出す。	・身体状況および生活習慣、食生活の状況を一緒に振り返り、解決すべき問題点、改善点を拾い出す。スタッフと対象者間での共通理解を図る。 （把握できた問題点） ・インスタント、レトルト食品が多い。 ・たんぱく質源、野菜類の摂り方が少ない。 ・デイケア以外の日の身体活動が少ない。	※アセスメントシート ◎障害を持って生活することの大変さに対する共感的理解の姿勢での対応に努める。
	④ 生活で不安な点を話し、解決策を確認する。	生活面で不安な点を聞き取り、対応策をアドバイスする。 ・立位バランスがとりにくく、歩行や移動が困難。 ⇒筋力をアップするプログラムの提供が可能である(理学療法士より)。 ・住まいの台所は、立位で調理を行う台所となっており、調理がしにくい。 ⇒ホームヘルパーの利用内容を見直すことで、調理を行ってもらえることが可能（介護支援専門員より） ⇒弁当配食サービスの利用が可能（管理栄養士より） ⇒電子レンジを使った簡単調理法を説明(管理栄養士より) ⇒台所の改修や簡単に使える調理器具等の紹介等が可能（PT、OTより）	◎本人の不安が取り除かれるような対策を助言する。 ◎不安の内容により、対応できる専門職が具体的に提案する。 ＊電子レンジ活用レシピ（資料2）

	⑤ 拾い出した改善項目について、達成可能な目標を設定する。	・拾い出した生活上の問題点について、達成可能な目標が設定できるように支援する。 （食生活面）※管理栄養士が対応 結果目標：6か月間で体重を3kg増やす。 行動目標：①紹介された電子レンジレシピを1日1品作る。 　　　　　②卵、肉、魚、大豆・大豆製品のいずれかを毎食1品食べる。 （身体活動・生活面）※OT、PTが対応 結果目標：6か月後の移動能力、行動体力を高める。 行動目標：①1日1回10分、自宅の周りを歩く。 　　　　　②運動プログラムを自宅で1日1回実施する。 ※②については、デイケアでOT、PTの指導を受けながら、徐々に取り組むことにする。	◎本人の希望が達成できるよう支援する気持ちを伝える。 ◎筋肉量を低下させないために、必須アミノ酸が多いたんぱく質性食品を紹介する。 ＊リーフレット（資料3） ◎手すりの設置(階段、台所など)等、住宅の改修サービスについて、介護支援専門員が本人の意向を聞き、要望があれば、対応していく。
	⑥ モニタリングシートへの記録方法を確認する。	・行動目標の実施についてモニタリングシートへの記録方法を説明する。	＊モニタリングシート ◎本人の実行意欲が高まるようわかりやすく説明する。
5分	感想を話し、次回の確認をする。	・本日の面談について、不明な点や感想を話してもらい、指導内容が対象者のニーズにあっていたか振り返る。 ・2週間後に食事の摂取状況を確認し、その他の行動目標についてさらに具体的に指導していくことを伝える。	◎継続して支援する姿勢を伝える。

7-3 2回目栄養指導（初回から2週間後）　※ 行動変容ステージ「実行期」から「維持期」への支援

■**場　所**　対象者の自宅
■**訪問者**　相談支援専門員、管理栄養士、ホームヘルパー　　■**支援時間**　30分

〈指導（はたらきかけ）のポイント〉

① 前回からの体調の変化、モチベーションの状況を確認する。
② モニタリングシートから、少しでも取り組んだことがあれば称賛する。できなかったことについては、できなかった理由を一緒に確認する。
③ ホームヘルパーも含めて、無理なくできる対応策を考える。
④ 居宅介護事業所とも協力し、継続して支援を行っていくことを説明する。

時間	対象者の活動の流れ	指導(はたらきかけ)	留意点（◎）、教材（＊）、評価(☆)
7分		挨拶をして居室に入り、少し雑談をして和やかな雰囲気をつくる。	◎スタッフは事前に情報共有し、打ち合わせをしておく。
20分	①体調の変化を話す。	・ここ2週間の体調変化や現在の状況を確認する。	◎ヘルパーが気づいたことがあれば話してもらう。
	②モニタリングシートから取り組みの状況を話す。 ③対応策を一緒に考え、確認する。	・モニタリングシートから取り組みの状況を確認し、実行できていることを称賛する。【正の強化】 ・できなかった日の状況を聞き取る。 （できなかった理由） ・同じメニューだと飽きてしまった。 ・食材を準備するのが面倒くさいと感じる時があった。 （対策） ・電子レンジメニューのバリエーションを増やす。 →変更可能な食品の種類を提示する。 　例. 電子レンジメニューの豚肉を鶏肉に、白菜をもやしに変更可など。 ・加熱しないでもそのまま食べられる料理を活用。 →まぐろとトマト、貝割菜のカルパッチョ 　（白身魚、サラダ菜、きゅうり、しそ、みょうが等、アレンジできる食材も伝える） ・ヘルパーの支援内容を見直し、週に1回は料理の支援を入れてもらう。 →切りにくい食材のみ、切って小分けにしてもらう。 →野菜を茹で、1回分ずつ小分けにして冷凍してもらう。 ＊ヘルパーが購入する食材については、栄養バランスを考えながら、事前によく話し合って検討する。	＊モニタリングシート ◎達成できない日があっても否定せず、取り組む意欲を継続できるように支援する。 ◎本人の負担を軽減しつつ、自立性が維持できるように配慮する。 ＊料理レシピ ◎ヘルパーの理解や対応力を確認しながら進める。
3分	④今後のスケジュールおよび次回面談日を確認する。	今後2週間に一度面談し、実行状況を確認しながら新たな目標を一緒に考えるなど、居宅介護事業所とも協力し継続支援を行うことを伝える。 次回面談は2週間後の通所利用日とすることを伝える。	◎実践を応援する気持ちを伝える。

資料1.　多職種協働による栄養ケア計画のイメージ

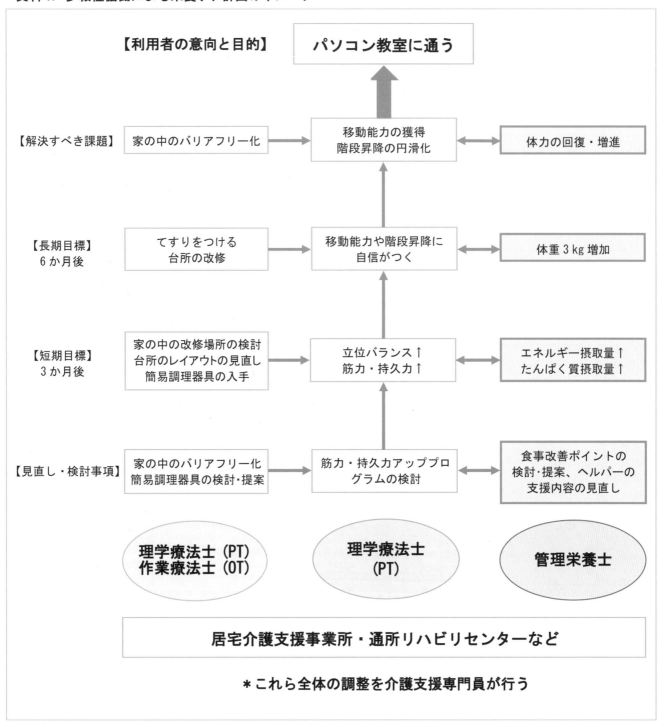

豚肉と野菜の重ね蒸し

【材料・1人分】

豚もも肉薄切り	2～3枚（60g）
白菜	1枚（80g）
えのきたけ	1/5袋（20g）
和風だしの素	少々
酒	大さじ1/2
ポン酢	大さじ1/2

（青味は、小ねぎ、青しそ、いんげんなど）

＊コンソメ顆粒や塩の味付けで洋風味にも
　なります

【作り方】

1　白菜は2～3cmの角切りに、豚肉は2～3等分に切り、だしの素と酒を振り混ぜておく。えのきは石づきを切り落とし、2等分に切る。
2　耐熱皿に、白菜を敷き、豚ひき肉とえのきを重ねる。
3　ラップをかけ、電子レンジで約10分加熱する。

鮭と野菜のみそマヨ風味蒸し

【材料・1人分】

うす塩鮭	1枚（80g）
きゃべつ	1枚（40g）
たまねぎ	1/6個（30g）
しめじ	1/5袋（20g）
にんじん	15g
みそ	大さじ1/2
酒	大さじ1
マヨネーズ	大さじ1

【作り方】

1　鮭は4～5等分、野菜はそれと同じくらいの大きさに切る。しめじは石づきをとって1/2に切り、ほぐす。
2　耐熱容器に1を入れ、みそ・酒・マヨネーズを合わせたものを混ぜ合わせる。
3　ラップをかけ、電子レンジで約10分加熱する。
4　あれば、青みで小ねぎの小口切りを散らす。

厚揚げと青野菜のめんつゆ煮

【材料・1人分】

厚揚げ	1/2枚（80g）
小松菜	30g
めんつゆ（3倍濃縮）	小さじ1（5cc）
水	大さじ3（45cc）

＊好みでゆずごしょう、唐辛子など少々

かつおぶし	少々

【作り方】

1　耐熱容器にめんつゆ、水、好みで香辛料を入れ、食べやすい大きさに切った厚揚げ、小松菜を入れてよくなじませる。
2　1を電子レンジで2分加熱し、取り出して厚揚げをうら返し、再度2分加熱する。
3　できあがったら、かつおぶしを上からかける。

たんぱく質 の上手な摂り方

たんぱく質は、体をつくる素となる栄養素です。加齢による体の機能低下をゆるやかにし、免疫力を維持するためにも、毎日しっかり摂ることが重要です。

■アミノ酸スコアの高いたんぱく質食品を摂る！

アミノ酸スコアとは・・？
　食品中の必須アミノ酸（ヒトの体内で合成できず、食事でしか摂取できないアミノ酸）の含有比率を評価するための数値です。アミノ酸価は 100 が最も高く、9 種類の必須アミノ酸がバランスよく含まれていることを示します。

【アミノ酸価　100 の食品】

動物性食品	肉類	鶏肉　牛肉　豚肉
	魚介類	アジ　イワシなど魚全般
	卵類	鶏卵（全卵）
	乳・乳製品	牛乳　ヨーグルト　チーズなど
植物性食品	大豆・大豆製品	大豆　納豆　豆腐　高野豆腐など
	穀類	玄米　そば　精白米（93）

＊基本的にアミノ酸価が高いのは動物性食品ですが、大豆・大豆製品も、「畑の肉」とわれるほどアミノ酸価が高い食品です。一部の穀類や野菜でもアミノ酸価が高いものがありますが、多くは動物性に比べると低いので、動物性食品、植物性食品の双方を組みあわせて食べることが重要です。

資料：日本食品標準成分表 2015 年版（七訂）

■低栄養を予防するには♪

① 毎食 1 品は、主菜（肉・魚・卵・大豆などたんぱく質の多い食品を用いた料理）を食べる

　＊食欲がないときは、牛乳、ヨーグルト、茶碗蒸し、卵豆腐など、食べやすいものだけでも食べる

　＊主菜を優先して食べる

② 1 日 3 食、主食・主菜・副菜が整ったバランスのよい食事を摂る

　＊焼きそばやうどん等の 1 品料理の場合は、必ずたんぱく質源の食品と野菜を十分取り入れる

Ⅱ 集団栄養指導編

集団栄養指導の概要

アセスメントから指導案作成までの流れ

(1) 栄養アセスメント

　学習者の身体および健康状態、栄養・食生活状態（栄養素等摂取状況、食知識、食態度、食行動、スキル、食環境）、行動変容段階、ニーズなどの情報を入手し、集団の状況を分析する。

(2) 課題の抽出と優先課題の検討

　分析したデータをもとに、集団の多くに共通する問題点、重要性、改善可能性等を検討し、優先すべき課題を1〜2つ選ぶ（問題行動を解決するための課題を絞り込む）。

(3) 全体計画の作成

　課題解決に向け、下表の目標を設定するとともに、それぞれの目標の評価指標（その目標を評価するための情報：指し示すもの）および評価方法（指標の入手方法）を検討する。

≪目標の種類および内容≫

　　抽出した課題例　1）血糖高値者が40%　2）食物繊維不足者が60%

種類	内容	目標（例）
実施目標	学習、行動、環境目標の達成に向け、学習を実施するための目標	2回の一斉学習（講義）、1回のグループ学習（調理実習）、1回の個別学習（個別栄養指導）の、計3回の学習を実施する。
学習目標	栄養・食生活管理に関する知識、態度、スキル形成に向けての目標	【知識】 食物繊維（穀類、野菜、果物）摂取と血糖コントロールの関係を理解する者を100%にする。 【態度】 食物繊維の多い食事摂取への意欲を有する者を80%にする。 【スキル】 食物繊維の多い主食および常備菜を作ることができる者を50%にする。
行動目標	行動形成または行動修正し、行動変容に進めるための目標	・1日1回、雑穀米の主食を摂取する者を40%にする。 ・毎食、野菜、海藻、きのこを使用した2つ；SV分の副菜を摂取する者を60%にする。
環境目標	行動変容を支援するための、周囲の環境整備に関する目標	食物繊維の多いメニューを、週1回教室のface bookに掲載する。
結果目標	学習者の健康状態やQOLなどに関する目標	血糖高値者を現在の半分（20%）に減らす。

(4) カリキュラムの作成

　各目標を達成するために必要な学習回数、学習内容、学習形態、評価、担当者等を系統的に組み立てる。

(5) 指導案の作成

　毎回の学習について、学習者の活動およびその活動に対する指導者の働きかけなどについて、時系列の進行表を作成する。

≪指導案を作成する際の留意事項≫

1. 本当に「分かる」内容にする
学習者に「なるほど、納得した、合点がいった、腑におちた」といってもらえる内容を組み立てる。

2. 楽しく「分かる」内容にする
学習者に「予想（仮説）」を立てさせ、それを検証する（探求の楽しさを育む）。

3. 教えたいことを（そのまま）教えない
教えたいことを、学習者が「学びたい」ものへ転化、発展させる。

4. 「見えないもの」を「見える（想像できる）」かたちで伝える
直接「見る」ことのできないエネルギーや栄養素、現象、関係性は、実物、模型、画像、グラフ、図、表などを用い可視化する。

5. よい「発問」（問題）をつくる
よい発問の条件：具体性、検証可能性、意外性、予測可能性、発展性のある発問

≪指導案作成の方法≫

	学習者の活動	指導者のはたらきかけ （予想される学習者の反応）	留意点（◎）、教材（＊）、評価（☆）
導入 （分）	本時の学習に対する興味、関心、動機付けが高まる活動	【発問】【指示】【説明】【確認】を枠組みで示す ＊一言一句書く必要はない。学習内容の骨格を示す。	留意点（◎） 学習者の気づきや考えを促すため、どのような工夫をするのかを記載する。
展開 （分）	理解が深まり、具体的に考えることができる活動 一斉学習（講義）だけでなく、グループ学習（実験、実習、討議）などによる学習者主体の活動	【発問】 ・事実や経験などを問う ・場面や状況を問う ・心情を問う ・考えや理由、関連や判断を問う ・予想を問う ・自己を見つめ、振り返ることができる内容を問う ＊発問に対する学習者の応答の予想を書く。 【指示】 行ってほしい活動を明確に伝える。	教材（＊） 使用する教材や教具を記載する 　ワークシート、リーフレット、記録表、質問紙、食品・料理の実物、フードモデル、料理カード、研究データ、統計資料、視聴覚教材（テレビ、ビデオ）、パソコン、人体模型、実演（人形劇、紙芝居、パネルシアター、エプロンシアター）など
まとめ （分）	学習者自身が自分の思いや考えをまとめ、今後の行動に向けての意欲が高まる活動 （心に強く残るまとめ）	【説明】 対象に応じた情報、科学的根拠に基づくエビデンスを集め、取捨選択し、わかり易く的確に伝える。 【確認】 理解したことや疑問、思いや考え、希望などを確かめる。	評価（☆） 全体計画・カリキュラムで作成した本時の評価を指導案のどこで行うのかがわかるよう記載する（評価指標の番号、評価するための方法）

Chapter 1

妊婦・授乳婦を対象とした指導

「マタニティスクール」

1-1 概　要

- **対象者**：市内在住の妊婦（希望者）募集人員30名
  - ※妊娠5か月〜6か月
- **年　齢**：20歳代　20名　　30歳代10名
- **主　催**：Ｉ県Ｈ市保健福祉部健康づくり推進課（保健センター）
- **担　当**：保健師、助産師、看護師、管理栄養士

1-2 栄養アセスメント

臨床診査	妊娠歴：初妊婦　66.7%（20名）、経妊婦33.3%（10名） 家族歴：糖尿病6.7%（2名） 体　調：便秘することがある33.3%（10名）、疲れがとれない40%（12名）	
身体計測	非妊娠時BMI： 「やせ」20%（6名）、「ふつう」73.3%（22名）、「肥満」6.7%（2名） 体重増加： 「良好」76.7%（23名）、「少ない」6.7%（2名）、「多い」16.7%（5名）	
臨床検査	貧血　13.3%（4名）、貧血傾向16.7%（5名） 高血圧　6.7%（2名）	
栄養・食生活	食事摂取状況	・鉄の摂取量不足の可能性がある人が多い80%（24名） ・ご飯の量が少ない人が多い50%（15名） ・たんぱく質の給源として肉の摂取が多く、魚、大豆製品は全体的に少ない ・全体的に葉物野菜、きのこ、海藻の摂り方が少ない人が多い ・インスタント・加工食品・中食からの食塩摂取が多い40%（12名）
	食知識 食スキル 食態度 食行動等	・栄養バランスを考えて食事をしている人は33%（10名） ・妊娠期の栄養・食事について、これまで講座に参加して学習したことはない ・丈夫な赤ちゃんを産むための栄養・食事の摂り方を学びたい気持ちがある ・夫の帰宅を待って夕食を摂るため食事時刻が遅い人が多い40%（12名）
	食環境	・惣菜や弁当、テイクアウト店を利用する人が多い60%（18名）
その他	妊娠中の適正な体重増加量の知識が不十分な人が多い	

※受付時に提出される母子健康手帳中の「妊娠中の経過」を確認し、血圧値や尿検査結果、体重増減などを把握する。

1-3 課題の抽出と優先課題の検討

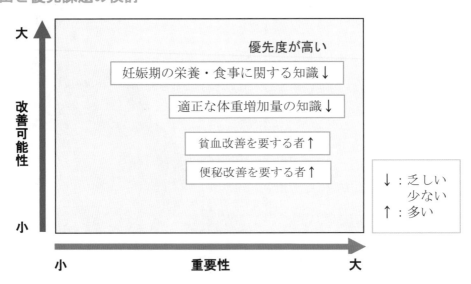

1-4 全体計画

目　標	評価指標	《評価方法》
1【実施目標】　実施に関する目標		
講義3回（演習、試食を含む）	1）それぞれの実施回数	《実施記録》
2【学習目標】　知識の習得、態度の変容、スキル形成に向けての目標		
（知識） ・妊娠中の身体変化、生活上の留意点を理解する ・個々に見合った体重増加量の知識を習得する ・妊娠期の栄養量と食事内容を理解する ・貧血や便秘予防の知識を習得する （態度） ・付加量分を充たせる食事バランスを意識した食生活を実践したいと思う	2-1）妊娠期の留意点の理解 2-2）体重増加量の理解 2-3）妊娠期の栄養と食事の理解 2-4）貧血・便秘予防の食事の理解 2-5）食生活改善への意欲	（注） 《質問紙調査》 《質問紙調査》 《質問紙調査》 《質問紙調査》 《質問紙調査》
3【行動目標】　行動形成または修正し、行動変容に発展させる目標		
鉄含有量の多い食品を毎食摂る 　きのこまたは海藻料理を1日1回摂る	3-1）食事内容 3-2）摂取回数	《質問紙調査》 《質問紙調査》
4【環境目標】　食環境づくりに関する目標　（栄養情報の提供等）		
・貧血および便秘を防止する食品の利用に関する情報提供	4）情報提供の有無	《実施記録》
5【結果目標】　学習プログラムの最終的な目標　（QOL、身体状況、生化学データ等）		
・貧血者を0%にする ・便秘者を10%にする	5-1）妊婦健診受診結果	《医療機関報告書》

（注）全教室終了後に会場にて事後アンケートを行う、または回答期間を設けたWeb調査でも可

1-5 カリキュラム　　実施回数3回

回数	学習内容（学習の主題）	学習形態	目標番号	評価指標	スタッフ
1回目	妊娠中のからだの変化や生活の留意点を学ぼう	講義	2	2-1） 2-2）	保健師 助産師 看護師 管理栄養士
2回目	妊娠期の食生活について（基礎編） ①妊娠期の栄養量とその意義を把握する ②栄養バランスのよい食事内容を把握する ③付加されるエネルギー量と栄養素を摂るための具体的な食材や量、料理方法を把握する。	講義（①、②） 演習（③）	2	2-3） 2-5）	管理栄養士 保健師
3回目	妊娠期の食生活について（応用編） ①貧血予防のための鉄の摂り方 ②便秘を予防する食事のポイント ③食生活チェックと行動目標の設定 ④具体策の検討 ⑤鉄強化メニューの試食	講義（①、②） 演習（③、④） 試食（⑤）	2	2-4） 2-5）	管理栄養士 保健師

※行動目標の3-1)、3-2)は、教室開催後1〜2か月の来所時に調査・評価する。

	学習者の活動	指導者のはたらきかけ （予想される学習者の反応）	留意点（◎）、教材（＊）、評価（☆）
導入 5分	■参加者同士で交流し、打ち解ける。 ■前回の内容を思い起こし、日頃の食事での実践状況を振り返る。 ■今日の学習内容を聞く。	【スタッフ挨拶】 皆さん、こんにちは。マタニティスクールもいよいよ最終回になりました。前回は、妊娠期の食事について基本的なことを学びましたが、日頃のお食事での取り組み状況はいかがですか？今日は、応用編としてさらに大切なポイントを学習していきたいと思います。 【本日の教室の流れを説明】 今日は、元気な赤ちゃんを出産するために妊娠後期に起こりがちなトラブルを防ぐ食事について、学んでいただきます。 1.貧血予防のための鉄の摂り方について 2.便秘を予防する食事について 3.食生活チェックと行動目標の設定 4.具体策の検討 5.鉄、食物繊維強化メニューの試食	◎前回と同じ6人グループで着席してもらう。 ◎本日の教室の流れを記載した模造紙を掲示する。
展開1 30分	■貧血予防の食事のポイントを聞く。 ■自分の食事内容を思い出し、たんぱく質源の摂り方の工夫や今後工夫したいことを考え、発表する。	【説明】 では、まず貧血予防の食事について学習したいと思います。母子手帳にも書かれていますが、妊娠中期頃から赤ちゃんの発育に伴い、貧血になりやすくなります。 予防するには、①たんぱく質を十分摂る、②鉄の多い食品を摂る、③鉄の吸収を高める食品を組み合わせることが重要です。 前回お話ししたように、妊娠14週を過ぎた頃から「妊産婦付加量」が必要になり、たんぱく質の給源となる主菜は今までの3〜4皿に1皿追加する必要があります。 【発問】 では、主菜を1日に4〜5皿食べるために、工夫していること、あるいはこれから工夫してみようと思うことはありますか？　教えてください。 （想定される学習者の答え） ・汁物や副菜にもお肉や魚介類を使っている。 ・食べやすい、冷奴やチーズを追加したい。	 ◎教室内に掲示している妊産婦の食事バランスガイドのポスターを確認してもらう。

		【確認】	
		とてもよい工夫ですね。 たんぱく質は貧血予防だけでなく、赤ちゃんの細胞をつくるうえでも重要ですので、1日の目安量が摂れるように、引き続き心がけて下さい。	
	■鉄含有量の多い食品を確認する。	【説明】	※鉄含有量(常用量)の多い食品、鉄の摂り方に関するリーフレット(資料1)
		続いて、鉄についてご説明します。鉄の多い食品というと、レバーがありますが、その他にも資料にあるように、赤身の魚や大豆製品、海藻類などがあります。	
	■レバーや水銀含有量の多い魚の摂り過ぎには注意が必要なことを確認する。	妊娠期には、鉄の必要量が増加するので、意識して食事に取り入れることが肝心です。ただし、レバーはビタミンAの含有量が多く、摂り過ぎると過剰症になる恐れがあるので要注意です。1回50gとすると、月に1～2回程度で十分です。 また、魚の種類によっては赤ちゃんの発育に悪影響があるものもあるので、資料を参考に偏りなく食べるようにしてください。	※厚生労働省「水銀含有量の多い魚」の資料
	■鉄の吸収を助ける栄養素を考える。	【発問】	
		貧血予防にとても重要な鉄ですが、実は鉄は吸収されにくい栄養素です。 ここで、問題です。鉄の吸収を助けるために大切な栄養素があるのですが、それは何だと思われますか? ヒントは野菜や果物に多く含まれる栄養素です。	◎正解がでない場合はヒントを出す。
		(想定される学習者の答え) ・ビタミンC	
	■ビタミンCの多い野菜・果物のリストを見て確認する。	【説明】	※ビタミンCの多い野菜・果物の一覧表(常用量)
		そうです。その通りです。 ビタミンCは、胃の中で鉄と作用し、腸管から吸収されやすい鉄の形に変化させてくれます。 リーフレットに、ビタミンCの多い野菜・果物を掲載していますので、食事に取り入れてください。ただし、ビタミンCは水溶性なので、切った後、水につけ過ぎたり、茹で過ぎたりしないことが大切です。	

		【説明】	
	■鉄剤服用上の注意点を聞く。	その他、もし、鉄剤を服用されている方は、空腹時に飲んだり、口内が収斂するほど濃い緑茶で飲んだりすると、胃を荒らし、鉄の吸収を悪くするので注意してください。以前は緑茶のタンニンが鉄の吸収を悪くするといわれていましたが、現在は普通の濃さであれば特に問題はないとされています。 ここまでの内容で、何かわかりにくかったこと、もっと聞いておきたいことはありませんか?	
		※質問があれば、適宜対応する。	
	■便秘予防の食事内容を聞く。	【説明】 次は便秘予防のお話です。妊娠後期は、赤ちゃんの成長により、腸のぜん動が悪くなり便秘になりやすくなりますので注意が必要です。 便秘予防のポイントは、①食物繊維の多い食品を摂る、②水分を十分摂る、③3食規則正しく食べる、④ウォーキングなどの無理のない運動を取り入れる、です。	◎日頃の食事・水分の摂り方が大切であることを伝える。
	■食物繊維の多い食品を考える。	【発問】 では、食物繊維の多い食品にはどんなものがあるでしょうか? (想定される学習者の答え) ・ごぼう ・れんこん ・さつまいも	
		【確認】 そうですね。よくご存じですね。 食物繊維は、野菜類全般に含まれますが、特に根菜類、いも類に多く、海藻、きのこ類、果実類にも多く含まれます。お配りした資料を参考にしてください。	＊食物繊維の多い食品の一覧（常用量） （資料2）
展開2 35分	■前回学んだ内容を思い返す。	【発問】 前回、野菜・海藻・きのこ類を副菜で利用することを学びました。副菜は1日に何皿が目安だったか覚えていらっしゃいますか? (想定される学習者の反応) ・5皿	◎正解がでない場合はもう一度説明する。

	■1日に必要な野菜の量を確認する。	【確認】 さすが、よく覚えていらっしゃいました！ 1日5皿、つまり1食で1〜2皿の副菜を摂るのが目安でしたね。その際に、食物繊維を多く含む食品を取り入れるようにすると便秘の予防に有効です。	
	■水分摂取の重要性を聞く。	【説明】 さらに。便秘防止には、水分を十分摂ることも大切です。水分は食事そのものからと食事以外の飲み物からのものをあわせて摂る必要があります。飲み物を摂る際、甘い飲み物ではなく、水やお茶などが理想的です。食事は残さず食べ、食間や・食後に水やお茶をこまめに摂ることを心がけましょう。 ここまでのところで、わからないことなど質問はありませんか？ ※質問があれば、適宜対応する。	
	■食生活を振り返り、評価を記入する。	【指示】 それでは、ここで、お配りしたワークシートを見てください。日頃の食事内容を振り返って、チェック欄にA・B・Cの評価を記入してみましょう。 5分ほどお時間をとりますので、始めてください。	＊食事チェックのワークシート（資料3） ◎作業の進み具合を確認した上で、次の指示を出す。
	■行動目標を考え、ワークシートに記入する。	【指示】 チェックが終わったら、Cがついた項目の中でできそうなものについて、行動目標を設定し、達成するための具体策を考え、ワークシートの下の部分に書き込んでください。	◎改善策の検討に戸惑っている学習者にはアドバイスを行う。
	■行動目標、改善策を紹介し、コメントを伝えあう。	【指示】 そろそろかき終えたようですね。では、グループ内で、お1人ずつ行動目標、具体策を紹介し、それに対し、感想やコメントを伝えあってみてください。各グループごとに、参考になる具体策があれば、後ほど発表していただきます。では、お願いします。	◎意見がまとまっているグループから指名する。
	■参考になった改善策を発表する。	【指示】 そろそろ、作業が終わったようですね。では、こちらのグループから、参考になった具体策の発表をお願いします。	◎発表を聞きながら、適宜コメントする。

		（想定される具体策の内容）	
		・緑の濃い野菜を1日1回以上摂るために、まとめて茹でて冷凍しておき、利用しやすくする。 ・貝類を週1回利用するために、むきみの冷凍を利用し、汁物や炒め物に活用する。	
まとめ 20分		**【説明】** ありがとうございました。色々な具体策が出ましたね。ぜひ、家庭での食事で続けて下さい。 では、これから本日の学習を踏まえたメニューの試食をしていただきます。鉄や食物繊維が摂れる「かぼちゃと小松菜のサラダ」、「人参とれんこんのサラダ」をお配りします。レシピには作り方と栄養に関するポイントを記載してあります。	＊鉄と食物繊維の多いレシピ（資料4） ◎スタッフ全員でレシピ、試食、割り箸を配る。 ◎試食の間にメニューのポイント（鉄、食物繊維の多い食材、味付けのポイント、その他のアレンジ法など）を説明する。
	■試食メニューを食べながら、作り方のポイントを聞く。		
	■感想を発表する。	**【発問】** いかがでしたか？どなたか試食の感想をお聞かせいただけますか？ （想定される学習者の感想） ・小松菜に鉄が多いのが分かった。 ・黒きくらげの食感がよい。	◎あがった感想に対して適宜コメントする。
	■感想を発表する。	**【発問】** 最後に今回を含めマタニティスクール全3回の講座の感想を数人の方にお伺いしたいのですが。いかがでしょうか。 （想定される学習者の感想） ・生まれてくる子どものために、毎日の食事を大切にしたい。 ・貧血を防ぐ食事のポイントがよくわかった。 ・野菜の摂り方を見直したい。	
	■本日の学習内容を振り返り、アンケートに回答する。	**【指示】** では、前回と今回の教室を振り返って、アンケートの記入をお願いします。 **【説明】** これで教室は終了です。学びを活かして健やかに妊娠後期を過ごしてください。皆さんの無事の出産を願い、スタッフ一同、心をこめてしおりを作ったので、ご活用ください。 質問や不安なことがあれば、保健センターに連絡してください。それでは、お疲れ様でした。気をつけてお帰りください。	＊マタニティスクールに関する質問調査票（資料5） 2-1）から2-5）の評価ができる内容とする。

妊婦さんの上手な鉄の摂り方

●鉄の重要性

妊娠すると、お腹の赤ちゃんに十分な酸素や栄養を送るために、多くの鉄が必要となります。そのため、食事からの鉄摂取が不足すると、母体の方が鉄不足となり貧血を起こしやすくなります。貧血は、赤ちゃんにもママにもさまざまな悪影響を及ぼしますので、栄養バランスのとれた食事の実践、鉄の多い食材の積極的活用により、貧血を防止することが大切です。

《鉄の目標摂取量》

今までのあなた	妊娠期のあなた	
18～29 歳 非妊娠時	妊娠初期	妊娠中期・後期
10.5 mg/日	9.0 mg/日 （付加量 2.5 mg を含む）	16.0 mg/日 （付加量　9.5 mg を含む）

出典：日本人の食事摂取基準（2020 年版）

●ヘム鉄と非ヘム鉄

鉄には、ヘム鉄と非ヘム鉄の2種類があります。

ヘム鉄は動物性の食品に多く含まれており、体内の吸収率が非ヘム鉄と比べると高いことが特徴としてあげられます。

非ヘム鉄は植物性の食品に多く含まれ、ヘム鉄と比べると吸収率は低いのですが、ビタミンCの多い食品（じゃがいもや、かんきつ類など）と一緒に食べると吸収率がアップします！

ヘム鉄が多く含まれる食品

～肉類～
- ・豚レバー※　　50 g → 6.5 mg
- ・鶏レバー※　　50 g → 4.5 mg
- ・牛もも肉（赤肉）100 g → 2.7 mg
- ・牛ヒレ肉（赤肉）100 g → 2.4 mg

～魚介類～
- ・アサリ（水煮缶）50 g → 15.0 mg
- ・シジミ　　　　20 g → 1.7 mg
- ・かつお　　　　80 g → 1.5 mg
- ・煮干し　　　　4 g → 0.7 mg

非ヘム鉄が多く含まれる食品

～野菜・海藻類～
- ・小松菜　　　　80 g → 2.2 mg
- ・ほうれん草　　80 g → 1.6 mg
- ・乾燥ひじき　　10 g → 0.6 mg
- ・切り干し大根　10 g → 0.3 mg

～大豆製品～
- ・がんもどき　　80 g → 2.9 mg
- ・生湯葉　　　　50 g → 1.8 mg
- ・凍り豆腐（乾）20 g → 1.5 mg
- ・納豆　　　　　40 g → 1.3 mg
- ・絹ごし豆腐　　100 g → 1.2 mg

日本食品標準成分表 2020 年版（八訂）より算出

※レバーには鉄が多く含まれていますが、ビタミンAも含まれています。レバー50 g当たりのビタミンAは 6500～7000 μg であり、ビタミンAの1日の耐容上限量（2700 μg RAE）を超えてしまいます。特に、妊娠初期のビタミンAの過剰摂取は赤ちゃんに奇形のリスクを高めるので注意が必要です。鉄は、牛肉や魚介類、野菜類、海藻類、大豆・大豆製品からも摂れます。レバーだけを利用するのではなく、いろんな食材を食事に取り入れてみてください。

妊婦さんの上手な食物繊維の摂り方

妊娠後期は、お腹の中の赤ちゃんの成長に伴い、便秘に悩むママさんが多く
なります。便秘を防止するには、食物繊維の多い食品を、積極的に食事に
取れ入れることが大切です。

●食物繊維を多く含む食品

	食品	常用量	食物繊維量		食品	常用量	食物繊維量
穀類	ライ麦パン	60g	3.4g	野菜類（茹でで）	ごぼう	50g	3.18g
	ゆで蕎麦	100g	2.0g		ブロッコリー	50g	2.2g
	発芽玄米ご飯	100g	1.8g		かぼちゃ	50g	2.1g
いも類	さつま芋（皮付き茹でで）	70g	2.7g		ほうれん草	50g	1.8g
	さと芋（茹でで）	70g	1.7g		たけのこ	50g	1.7g
	じゃが芋（水煮）	70g	1.1g	海藻類	わかめ（水戻し）	30g	1.7g
豆製品	納豆	40g	2.7g		めかぶ	30g	1.0g
	おから	25g	2.9g		ひじき（茹でで）	30g	1.0g
	大豆（茹でで）	20g	1.3g	きのこ類（茹でで）	えのきたけ	30g	1.4g
果物類	りんご（皮付き）	100g	1.9g		生しいたけ	30g	1.3g
	かき	100g	1.6g		ぶなしめじ	30g	1.2g
	いちご	100g	1.4g				

日本食品標準成分表 2020 年版（八訂）より算出

＊AOAC2011・25 法とプロスキー変法が混在しているため、
　プロスキー変法に統一して表示した。

ポイント

①主食には食物繊維の多い穀類を！　②野菜は加熱してたくさんの量を！

③具だくさんの汁ものを！　　　　④主菜の添えに野菜の付け合わせを！

⑤汁物や副菜にいも類の活用を！　⑥間食に果物を！

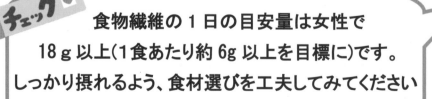

チェック☑

食物繊維の 1 日の目安量は女性で
18 g 以上（1 食あたり約 6g 以上を目標に）です。
しっかり摂れるよう、食材選びを工夫してみてください

資料 3.

<食事チェックのワークシート>　　　　　氏名　＿＿＿＿＿＿＿＿＿＿＿＿＿＿＿＿

日頃の食生活をふりかえって、表 1、表 2 に示された項目をチェックしてみましょう。
あてはまる場合は A、やや当てはまる場合は B、当てはまらない場合は C として、
チェック欄の該当する文字に〇印をつけ、それぞれの合計個数を集計欄に記載してください。
結果をふまえて、今後改善に取り組めそうな行動目標と達成のための具体策を考えてみて下さい。

表 1.　鉄の摂取に関わる項目

区分	日頃の食事内容	チェック欄	集計
①	肉は脂肪の少ない赤身を利用している	A ・ B ・ C	
②	あさり、しじみなどの貝類を月数回利用する	A ・ B ・ C	
③	緑の濃い野菜（ほうれん草、チンゲン菜、小松菜等）を 1 日 1 回以上利用する	A ・ B ・ C	6 項目中　A の数　　　個
④	きのこ類を 1 日 1 回以上利用する	A ・ B ・ C	B の数　　　個
⑤	海藻類を 1 日 1 回以上利用する	A ・ B ・ C	C の数　　　個
⑥	鉄が多い食品（配布資料参照）を 1 月に数回摂取している	A ・ B ・ C	

★ C がついた項目（なければ B）について、行動目標を 1～2 つ立て、改善策を考えてみよう！

行動目標	目標達成のための具体策
①	
②	

表 2.　食物繊維の摂取に関わる項目

区分	日頃の食事内容	チェック欄	集計
①	主食は 1 回に 200 g（コンビニおにぎりだと 2 個目安）程度を食べている	A ・ B ・ C	
②	毎日 350 g 以上の野菜を摂っている	A ・ B ・ C	
③	根菜類（にんじん、人根、ごぼう、れんこん等）を毎日利用している	A ・ B ・ C	5 項目中　A の数　　　個
④	いも類を毎日利用している	A ・ B ・ C	B の数　　　個
⑤	毎日 200 g 程度の果物を摂っている	A ・ B ・ C	C の数　　　個

★ C がついた項目（なければ B）について、行動目標を 1～2 つ立て、改善策を考えてみよう！

行動目標	改善策
①	
②	

資料4. 試食レシピ

★鉄と食物繊維がしっかり摂れる1品です。

〈かぼちゃと小松菜のサラダ〉 簡単！

材料（1人分）

かぼちゃ　　　　　　75g ・・（鉄0.4mg、食物繊維2.6g）

きくらげ（乾）　　　3g ・・（鉄1.1mg、食物繊維1.7g）

小松菜　　　　　　　50g ・・（鉄1.4mg、食物繊維1.0g）

枝豆（さやから出したもの）5g ・・・（鉄0.14mg、食物繊維0.3g）

プレーンヨーグルト　大さじ1/2弱

マヨネーズ　　　　　大さじ1/2弱

塩・こしょう　　　　0.3g・少々

①複数の食材の組み合わせにより、1品で鉄や食物繊維を十分摂ることができます！
②併せて妊娠期に必要な葉酸やカルシウムも摂れるレシピです。

作り方

1. きくらげは、水で戻し、熱湯でさっとゆでてせん切りにする。
2. 小松菜はゆでて2cm長さに切る。枝豆はゆでてさやから出しておく。
3. かぼちゃは一口大に切り、耐熱皿に入れレンジで加熱する。
　 やわらかくなったらマッシャーやフォークなどでつぶす。
4. ボールにAを混ぜ合わせておく。
5. 材料をすべて入れ、混ぜ合わせて出来上がり。

★1人分の栄養価

鉄	食物繊維
2.4mg	4.8g

＊日本食品標準成分表2020（八訂）より算出

参考：18～29歳妊娠中期の食事摂取基準（1日分）

鉄（推奨量）：16.0mg　食物繊維（目標量）：18g

資料5.

マタニティスクールに関する質問調査票

1. どのようなことを期待してこの教室を受講しましたか？　（複数回答可）
　①知識の習得　　　　②情報収集　　　③友達づくり　　④不安の解消　　　　⑤健康相談
　⑥安心を得るため　　⑦その他（　　　　　　　　　　　　　　　　　　　　　　　　　　）

2.　1回目から3回目の受講内容について、該当する箇所に〇をつけてください。

十分理解できた ━━━━━━→ 理解できなかった

		5点	4点	3点	2点	1点
①	妊娠期の身体変化と体重増加量について					
②	妊娠期の生活上の留意点について					
③	妊娠中期から後期の栄養量について					
④	栄養バランスのとれた食事について					
⑤	貧血予防の食事について					
⑥	便秘予防の食事ついて					

3.　試食について　　a. とても参考になった　　b. まあまあ参考になった　　c.あまり参考にならなかった

4. その他、教室に対するご意見、感想、ご要望などがありましたら自由にお書きください。

ご協力ありがとうございました。

Chapter 2

幼児を対象とした指導
「食育教室」

2-1 概　要

- **対象者**：H市立保育園5園および幼稚園5園　幼児3〜6歳児および保護者
  - 1回当たりの対象人数：園児約50名、保護者50名
  - ※調理実習の回は、1回20組
- **主　催**：H市保健福祉部健康づくり推進課（保健センター）　担当者：管理栄養士
- **協　力**：I大学 管理栄養士課程 学生

2-2 栄養アセスメント

幼児	身体計測	各園により異なるが、やせの割合は約1%程度、肥満傾向の割合は 5〜10%程度とやや肥満傾向児の多い園が多い	
	栄養・食生活	食事摂取状況※	・朝食を毎日必ず食べる　90% ・毎食野菜料理を食べる　33% ・食事は残さず食べる　43% ・おやつに砂糖が多い菓子を食べる　80%
		食習慣※	・菓子や清涼飲料水などがいつでも飲食できる環境があり 空腹感が得られにくい ・夜型の生活習慣により生活リズムの乱れがみられる
保護者	食意識、食知識	・幼児期の食事に関する知識が不十分な保護者が多い （特に、栄養バランス、野菜の提供量、間食の量と質）	
	食育への取り組み	なんらかの食育に取り組んでいる家庭89% ・味付けを薄味にする　16% ・食事時に挨拶をさせる　84% ・料理のお手伝いをさせる　39%	

※アンケート調査　「平成23年度H市健康の実態と意識に関するアンケート調査」（対象者：H市内　幼児3〜6歳児）

2-3 課題の抽出、優先課題の検討

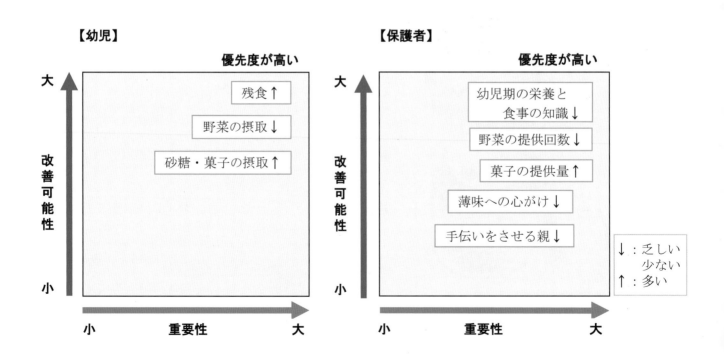

2-4 全体計画

目　　　標	評価指標	《評価方法》
1【実施目標】　実施に関する目標		
保護者と幼児への「3回の講座」を行う	1-1）保護者と幼児への教育回数	《実施記録》
2【学習目標】　知識の習得、態度の変容、スキル形成に向けての目標		
保護者　（知識）・幼児期の栄養の意義と特徴を理解する ・栄養バランスのとれた食事を理解する ・野菜の摂取目安量を理解する ・幼児期の間食のあり方を理解する （態度）・野菜の食べさせ方を工夫しようと思う （スキル）・野菜を使った料理のスキルを身につける	2-1）幼児期の栄養と特徴の理解 2-2）栄養バランスのとれた食事の理解 2-3）野菜の摂取目安量の理解 2-4）幼児期の間食のあり方の理解 2-5）野菜を食べさせようとする意欲 2-6）野菜の調理法の習得	《質問紙調査》 《質問紙調査》 《質問紙調査》 《質問紙調査》 《質問紙調査》 《調理実習時の状況》
幼児　（知識）・野菜の大切さを理解する ・砂糖が多い菓子の食べ過ぎが体によくないことを理解する （態度）・野菜を残さず食べようと思う ・砂糖が多い菓子は決められた量にしようと思う	3-1）野菜の大切さの理解 3-2）砂糖が多い菓子の食べ過ぎ注意の理解 3-3）野菜を残さず食べる意欲 3-4）砂糖が多い菓子を食べ過ぎない姿勢	《園児の反応》 《園児の反応》 《園児の反応、試食》 《保護者への事後Web調査》
3【行動目標】　行動形成または修正し、行動変容に発展させる目標		
保護者　毎食野菜料理を提供する親を80%にする 菓子の提供量を今よりも少なくする親を80%にする	4-1）提供回数 4-2）提供量	《事後Web調査》 《事後Web調査》
幼児　毎食野菜を残さず食べる幼児を70%にする 砂糖が多い菓子は決められた量を守って食べる幼児を40%にする	5-1）野菜を残さず食べた回数 5-2）砂糖の多い菓子の摂取量	《保護者への事後Web調査》 《保護者への事後Web調査》
4【結果目標】　学習プログラムの最終的な目標		
肥満傾向児の割合を5%以下にする	6）身長・体重	《身長・体重測定》

2-5 カリキュラム　　実施回数　3回

回数	対象	学習内容（学習の主題）	学習形態	目標番号	評価指標	スタッフ
1回目	保護者	・幼児期の栄養の意義と特徴を学ぼう ・栄養バランスのとり方を学ぼう ・野菜の必要性、摂取量を学ぼう ・子どもの菓子の量を決めよう	講義	2	2-1） 2-2） 2-3）、2-4） 2-5）	保健センター 管理栄養士
2回目	幼児	・野菜のパワーを知ろう ・砂糖の多い菓子を食べ過ぎないようにしよう	パネルシアター	3	3-1）、3-3） 3-2）、3-4）	保健センター 管理栄養士、 大学生
3回目	親子	・野菜のおかずとおやつを作ろう ・食生活を振り返ろう ・子どもの身長と体重を確認し、今後の食生活を考えよう	調理実習	4 5	2-6） 3-4） 4-1）、4-2） 5-1）、5-2） 6）	保健センター 管理栄養士

	学習者の活動	指導者のはたらきかけ （予想される学習者の反応）	留意点（◎）、教材（＊） 評価（☆）
導入 5分	■今日の内容を聞く。	管理栄養士が自己紹介と本日の内容の説明をする。 【説明】 皆さん、こんにちは。私は、皆さんやこの町に住んでいるたくさんの人たちの元気な暮らしを守るためにお仕事をしている〇〇といいます。 今日はまず、食べ物王国のお姉さんたちが大切な野菜のお話をしてくれます。	
展開 20分	■テーマと、話をしてくれる人を知る。 ■まもる君がなぜお母さんに叱られたかを考える。	【大学生の自己紹介】 皆さん、こんにちは。食べ物王国からきました、〇〇です、△△です、□□です・・・。 今日は皆さんに野菜のお話をしにきました。皆さんは野菜が好きですか？　実は、野菜さんたちは、皆さんが大好きで、残さずに食べてほしい！と思っているんですよ。今から物語を始めたいと思いますので、静かに最後まで聞いてください。 【パネルシアター場面1】 野菜が大嫌いで、いつもお菓子ばかり食べているまもる君。お母さんが作ってくれた朝ご飯のおかずに入っている野菜を食べずに、お菓子を食べ始めます。 「いつもお菓子ばっかり食べて野菜を食べないでいると、病気になってしまうわよ！」と叱られたまもる君。「野菜を食べないだけで病気になんかなるもんか！」と、家を飛び出してしまいます。 【パネルシアター場面2】 まもる君は、家の向こう側にある小さな森の中に入り、どんどん進んで行きます。途中で、なんだか体の具合が悪くなり、おまけに、小石につまずいて転んでしまいます。 「えーん、えーん。なんだか寒いし、転んでひざをすりむいちゃったよ。痛いよう」とまもる君は泣き出します。	◎パネルシアターの脇に立ち、一人ひとりイラスト入りの名札カードを持って挨拶をする。 ＊写真〈1〉 ※シナリオは巻末資料参照 ◎子どもの興味を引くように、大きな声で元気よく行う。 ＊写真〈2〉 ＊まもる君とお母さんの紙人形 ◎園児たちがストーリーに引き込まれるように、雰囲気を出しながら話す。 ＊写真〈3〉 ＊泣いているまもる君の紙人形

		【パネルシアター場面3】	
	■野菜を食べなかったから具合が悪くなったことに気づく。	通りかかった熊さんが優しく声をかけてくれます。まもる君が具合が悪くなったことを伝えると、熊さんは「朝ごはんはちゃんと食べてきたかい？」と問いかけます。 「僕、お菓子が大好きなんだ！ 朝ごはんは、嫌いな野菜がいっぱい入っていたからあまり食べなかったんだ！」とまもる君がいうと、熊さんは「体の具合が悪いのはきっと野菜を食べずにお菓子ばかり食べていたからだよ。よし、僕がよい所に連れて行ってあげよう！」といって、2人は森の向こうの野菜畑に向います。	◎まもる君は野菜を食べなかったから具合が悪くなったということが理解できるように話す。 ＊熊さんとまもる君の紙人形
		【パネルシアター場面4】	
		「ここなら今の君の体の悪いところをよくしてあげられるよ！」と熊さんはいって、畑の中のトマトちゃんに声をかけます。	
		【パネルシアター場面5】	
	■トマトには体が元気になり、けがを治してくれる力があることを知る。	熊さんがトマトちゃんにまもる君のけがを治してくれるように頼むと、トマトちゃんは「いいわよ！ 私にはあなたの体を丈夫にするパワーがあるのよ。私の力をあげましょう！」といいます。 ところが、まもる君は、「トマトは口の中でぐちゃっとしてあんまり好きじゃないんだよなー」と答えます。 「そんなこといわずに、思い切って食べてみて！」とトマトちゃんからいわれ、しぶしぶ食べたまもる君。すると、体がどんどん強くなり、足のけがもきれいに治ります。 まもる君はトマトちゃんのパワーに感激し、ありがとうとお礼をいいます。	◎園児たちがトマトちゃんに注目するよう、少し高めの声で明るく登場する。 ＊写真〈4〉 ＊元気なトマトちゃんの紙人形 ◎しぶしぶ食べるようにいう。 ◎明るく、元気よく。
		【パネルシアター場面6】	
		足のけがは治りましたが、熊さんが体の具合を尋ねると、「まだ体が寒いし、鼻水もでるよう！」とまもる君。 熊さんは、隣の畑にいるピーマン君に声をかけます。	◎具合か悪そうにいう。

		【パネルシアター場面7】	
	■ピーマンには体を病気から守ってくれる力があることを知る。	熊さんがピーマン君にまもる君の風邪を治してくれるように頼むと、ピーマン君は「いいとも！僕には君の体を病気から守る力があるんだよ。ぼくの力をあげよう！」といいます。 ところがまもる君は、「ピーマンは苦くて嫌いなんだよなー。どうしても食べなきゃダメ？」と答えます。 「そういわないで、だまされたと思って食べてごらんよ！」とピーマン君からいわれ、しぶしぶ食べたまもる君。すると、体の寒気はどこかへ行ってしまいます。 まもる君はピーマン君のパワーに感激し、ありがとうとお礼をいいます。	◎園児たちがピーマン君に注目するよう、低音の太めの声で登場する。 ＊写真〈5〉 ＊ピーマン君の紙人形 ◎しぶしぶ食べる。 ◎明るく、元気よく。
	■野菜にはからだにとって大切なパワーがあること、お菓子を食べ過ぎてはいけないことを確認する。	【パネルシアター場面8】 熊さんは「野菜からたくさんの力をもらえるから、お菓子ばかり食べないでおかずもちゃんと食べようね」といいます。 まもる君は「うん、よくわかったよ。僕、これからも野菜をいっぱい食べて、もっと強くなるよ！」と答えます。 そして、「お家に帰ったら、お母さんに野菜を使ったお昼ご飯を作ってもらおう！」といいながら、足取り軽やかに家に帰ります。	◎お菓子の食べ過ぎに注意を促すようにいう。
		【パネルシアター場面9】 まもる君は家に帰り、お母さんに「ねえねえお母さん！ ぼく、森の中で熊さんに教えてもらったんだ。野菜にはいろんな力があるんだって。ぼく、お昼ご飯に野菜をいっぱい食べたいな！」と頼みます。お母さんは喜んで野菜のおかずを作ってくれます。	◎まもる君の行動変容が魅力的に伝わるように活き活きと演じる。
	■自分もまもる君のようにしっかり野菜を食べようという気持ちを持つ。	【パネルシアター場面10】 出てきたのはトマトのサラダとピーマンハンバーグと野菜のおみそ汁。まもる君は熊さんと野菜たちの言葉を思い出し、ふたつのおかずと汁を残さずきれいに食べます。お母さんも笑顔でほめてくれます。 「僕、野菜にはいろんな力があることがよくわかったよ。お母さん、これからも野菜をいっぱい食べさせてね！」こうして、まもる君は野菜が大好きな男の子になり、元気に毎日を過ごしましたとさ。　　　　　　　　　　　　　　—おしまい♪—	＊写真〈6〉 ＊まもる君とお母さんの紙人形

		【確認】大学生 いかがでしたか？ 好き嫌いをしていたまもる君、病気やけがをして大変でしたが、いろんな野菜さんたちに助けられ、最後は元気になり、野菜もしっかり食べるようになりました。	
まとめ 15分		【発問】大学生 では、みんなに質問です。まもる君はどんな野菜にパワーをもらったかな？ （想定される学習者の反応） ・トマトちゃん　・ピーマンくん 【発問】大学生 そうですね。では、トマトやピーマンなどの野菜には、どんなパワーがあったでしょうか？ （想定される学習者の反応） ・体を丈夫にする。 ・病気から体を守る。 【確認】大学生 そうでしたね。よく覚えていましたね。まもる君はトマトとピーマンをしっかり食べて、とても元気になっていましたね。みんなでもう一度声に出していってみましょう 【発問】大学生 では、皆さん、今日のお話を聞いてどんなことを思いましたか？ （想定される学習者の反応） ・野菜には大切な働きがあることがわかった。 ・これからは野菜を残さず食べる！ ・まもる君みたいに頑張って食べる。 【確認】大学生 みんな野菜の大切さがよ〜くわかったようですね。では、次にもう１つ別のことをお勉強しましょう。 【発問】大学生 皆さんが大好きなおやつについての質問です。まもる君は、物語の中でお菓子を食べ過ぎて具合が悪くなっていましたが、お菓子を食べ過ぎると他にどのようなことになりますか？	◎これまでのストーリーを思い浮かべられるようにする。 ◎園児達の反応に対し、ほめて強化する。 ◎手をあげさせて発表させる。 ☆評価　3-1)、3-3) ◎園児達の発表に対しはめて強化する。 ◎野菜の大切さ、働きの理解、残さず食べる意欲を確認する。 ◎チョコレート、あめ、グミなどを手に持って問いかける。
	■野菜のパワーを 　声に出していう。		
	■手をあげて、思ったことを発表する。		

		（想定される園児の反応）	
■思いつくことを発表する。		・太る。 ・お腹がすかないのでご飯が食べられなくなる。	☆評価　3-2)、3-4) お菓子の食べ過ぎがよくないことの理解を確認する。
		【説明】大学生	
		そうですね。その通りです。こうしたお菓子には砂糖が多く入っていて、食べ過ぎると、太ったり、お腹がいっぱいになって、ご飯が食べられなくなったりします。	
		【発問】大学生	
		じゃあ、おやつを食べる時どうしたらいいですか？	
■お菓子を食べ過ぎない方法を考える。		（想定される園児の反応） ・お母さんが出してくれたものを食べる。 ・野菜を食べる。 ・１回の食べる量を少なくする。	◎子ども達の声に適宜対応する。 ◎出なかった意見は、説明の中で取り上げ、理解を促す。
■お菓子の食べ過ぎに気をつけようと思う。		【確認】大学生	
		すごいね。いいことに気づきましたね。是非、おうちでそのようにしてみて下さいね。 では、お姉さんたちからはここまでにして、〇〇先生にバトンタッチします。 　　　　　　　　　　ありがとうございました。	
		【説明】保健センター管理栄養士	
		今日は、食べ物王国のお姉さんたちと一緒にお勉強できて楽しかったですか？	＊まとめのカード
■掲げられたカードを声に出して読む。		では、今日学んだ野菜のパワーとおやつのこと、もう一度、声に出して読んでみましょう。 ぜひお家に帰ってからお家の人にお話してみてください。	◎１枚、１枚掲げながら、声に出して読ませる。
■管理栄養士の話を聞いて大学生にお礼をいう。		では、お礼をいって終わりにしましょう。 　　　　　　　　　　ありがとうございました。	

野菜を食べよう　パネルシアター

〈写真1〉自己紹介

〈写真2〉パネルシアター場面 1

〈写真3〉 パネルシアター場面 2

〈写真4〉 パネルシアター場面 5　トマトちゃん登場

〈写真5〉 パネルシアター場面 7　ピーマン君登場

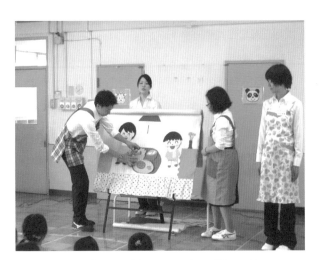

〈写真6〉 パネルシアター場面 10

Chapter 3

中学生を対象とした指導
「家族のためのお弁当づくり」

3-1 概　要

- ❑ **対 象 者**：中学 2 年生（35 名）
- ❑ **実施科目**：技術家庭科（家庭分野）および美術科
- ❑ **主　　催**：新潟県柏崎市立 A 中学校

食に関する指導の概要 ≪A 中学校の「食に関する全体計画」の一部≫

	1 年目	2 年目	3 年目
大目標 中目標	食に関する正しい行動があたり前にできる生徒＝自分のからだのことを考えて食事をすることができる ①給食残量を減少させること　②ケガの発生数を減少させること　③痩身傾向の生徒を減少させること		
指 導 テーマ	**気づく（知る）** ●食の重要性に気づく期間 ●ケガ防止、からだづくりの意識向上	**考える** ●一人ひとりの（が）食を 考える期間 ●学校全体の雰囲気づくり	**行動する** ●具体的な行動期間 ●給食残量減少にこだわり過ぎない
給 食 委員会	給食残量調査 ⋯⋯⋯⋯⋯⋯⋯⋯⋯⋯⋯⋯⋯⋯⋯⋯⋯	「盛り切り食べ切り」指導 ⋯⋯⋯ 生徒朝会での啓発 ⋯⋯⋯⋯⋯⋯⋯	→「盛り切り食べ切りの極意」提示 食のあゆみ記入 給食環境づくり(BGM、準備短縮)
教職員 養護教諭 栄養教諭	1 年「ケガ防止、体格授業」 2 年「生活習慣病授業」 　「修学旅行先の食事の調理実習」 3 年「食料自給率授業」 　「食事量、生活習慣病授業」	「盛り切り食べ切り」指導 ⋯⋯⋯⋯ 2 年「お弁当作り授業」 ⋯⋯⋯⋯	2 年「中越沖地震恩返し授業」 偏食生徒への個別指導
保護者 (PTA)	「1 年ケガ防止、体格授業参加」 「給食試食会」 「親育てワークショップ」 「給食メニューワークショップ」	「柏崎産鯛ワークショップ」 「我慢強い心とからだづく りワークショップ」	「生活習慣改善講演会」 「正しい生活習慣づくりのための 　　　　　　ワークショップ」

3-2 栄養アセスメント

身体計測	全校生徒 350 名中、肥満傾向 5%、やせ傾向 30%、普通 65% やせ傾向の生徒が多い	
栄養、食生活	食事摂取状況	給食で 1 人当たり約 100 g の残量がある
	食知識、態度、スキルなど	食事や食事を作る人への感謝の気持ちが乏しい
その他	教育活動下で起きた外傷（捻挫など）の件数が年間 80 件と多い（市内 12 校で計 360 件）	

3-3 課題の抽出と優先課題の検討

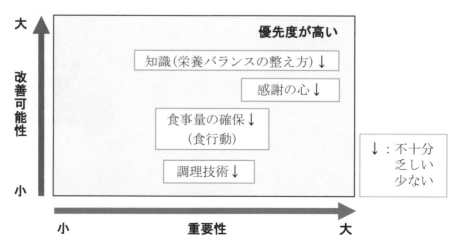

3-4 全体計画

目　標	評価指標	《評価方法》
1【実施目標】　実施に関する目標		
講義4回、個別学習4回、調理実習1回行う	実施回数	《実施記録》
2【学習目標】　　知識の習得、態度の変容、スキル形成に向けての目標		
・色彩と栄養バランスの関係を理解する(知識)	2-1)五彩と栄養バランスの関係の理解	《美術科 WS-1》
・お弁当作りのポイントを理解する(知識)	2-2)お弁当作りのポイントの理解	《美術科 WS-2》
・相手の好みなどを考えてお弁当の内容を考える(態度)	2-3)相手のことを考える努力	《家庭科 WS-1》
・相手にあった6群の食品や量を設定できる(知識・スキル)	2-4)6群の食品・量のバランス	《家庭科 WS-2》
・盛り付けのイメージ図を描く(態度・スキル)	2-5)でき上がりのイメージ	《イメージ図》
・作業工程表を作成する(知識・スキル)	2-6)当日の動きなどのイメージ	《作業工程表》
・班員と話し合い作業工程表を調整する(態度)	2-7)班員と協力する意欲・姿勢	《作業工程表》
・事前の調理実習で得た調理技術の活用(スキル)	2-8)調理技術と時間配分	《授業の様子》
・お弁当を作ることの難しさを体感する(態度・スキル)	2-9)お弁当作りの難しさの体感	《授業の様子》
・お弁当の写真を貼る台紙に絵やイラストを描く(態度・スキル)	2-10)丁寧さ、個性	《台紙》
3【結果目標】　　学習プログラムの最終的な目標		
お弁当を作ること、料理を作ることの大変さを知り、家族や食事への感謝の気持ちを持つ生徒を9割以上にする	3-1)感謝の気持ち	《感想 WS》

＊WS：ワークシート（学習中に使用する作業シート）

3-5 カリキュラム　　実施回数9回

回数	学習内容（学習の主題）	学習形態	目標番号	評価指標	スタッフ
1回目 (美術科)	①色彩と栄養について、お弁当作りのポイントの話を聞く	講義	2	2-1) 2-2)	栄養教諭 美術科教諭
2回目 (家庭科)	②お弁当作りのポイントの確認と詳細をさらに理解する ③自分のお弁当に入っているおかずを思い出す ④誰のためのお弁当を作るか決める （⑤1食分の食事の量を計算する）	講義 個別学習	2	2-2) 2-3) 2-4)	栄養教諭 家庭科教諭
3回目 4回目 5回目 (家庭科)	⑤1食分のエネルギー量を計算する ⑥自分の献立の栄養バランスを考慮して、分量と食品を考える ⑦五彩と必要な材料、調理法などについて考える ⑧盛り付けイメージ図を描く	講義 個別学習	2	2-4) 2-5) 2-6)	栄養教諭 家庭科教諭 (美術科教諭)
6回目 7回目 (家庭科)	⑨当日の作業工程表を考える ⑩班員と話し合い、他者と作業工程表を調整する ⑪家から持ってくる物リストを書く	講義 個別学習	2	2-6) 2-7)	栄養教諭 家庭科教諭
8回目 (家庭科)	⑫本番！調理実習、家族に食べてもらう	調理実習	3	2-8) 2-9) 3-1)	
9回目 (家庭科)	⑬お弁当作りの感想を書く ⑭お弁当の写真を貼る台紙に、絵やイラストを描く	講義 個別学習	3	2-10) 3-1)	

＊1回目から9回目は、栄養教諭と美術科あるいは家庭科教員とのT・T方式の授業として実施する。

授業構想カード

教科	美術	授業名	五彩と食欲，栄養バランスの関係について知ろう	学年	2年	指導者	美術科教諭 栄養教諭

① ねらい

・五彩を知ることを通して，食欲がわき（おいしそう），栄養バランスのよいお弁当の作り方について理解する。

①－2　どんな子どもに

・五彩は食欲（おいしそう）や栄養バランスと関係していることがわかり，お弁当作りにいかす意欲をもつことができる生徒。（食品を選択する能力）
・給食も五彩を考えられて作られていることに気づくことができる生徒。（食事の重要性）

④　学習課題を生み出す活動や教材提示

・自分はどんなお弁当が好きか考える。

③　学習課題

・彩りがよく，食欲がわき，栄養バランスのよいお弁当を作るためには，どうしたらよいのだろうか？

⑤　学習課題を追求する活動や働き掛け

・五彩について知る。→五彩食材を挙げる。（個人→グループ→クラス）→五彩と食品群の関連を知る。→身近な栄養バランスのよい食事「給食」は？
・五彩と食欲の関係について知る。
・五彩と栄養バランスの関係について知る。
・五彩のお弁当ルールについて知る。

②　まとめ

①「五彩」を必ず入れることで，　食欲もわき，栄養バランスもよくなるお弁当が作ることができる。
②詰め方も大切で、ごはん　（主食）は必ずお弁当箱の半分にすることでこそ、栄養バランスが整う。

⑥　振り返り

・栄養バランスと彩りが関係していることがわかりました。
・給食はやっぱり栄養バランスがよいので、毎日五彩が入っていることがわかりました。
・自分でお弁当を作る時には五彩を入れて作りたいです。いつもお弁当を作ってくれているお母さんにも教えてようと思います。

	学習者の活動	指導者のはたらきかけ （T1：栄養教諭　T2：美術科教諭）	留意点（◎）、教材（＊）、 評価（☆）
導入 10分	■挨拶をする。	〈 生徒の号令の下、授業開始の挨拶をする 〉	＊授業はすべてパワーポイント（以下、PPと表記）で進めていく。 ＊プロジェクター、スクリーン
	■本時の流れを聞く。	【 T2：美術科教諭　説明 】 美術の時間に「なぜT1先生（栄養教諭）がいるの」と思うかもしれませんが、今日は、T1先生と一緒に、美術の時間を利用して、食事や栄養についての学習をします。その理由は、授業が進むにつれてわかるはずです。	
	■どんなお弁当だとうれしいか考え、発表する。	【 T2：美術科教諭　発問 】 さっそくですが、皆さんは休日の部活の時や給食がない時などにおうちの人が作ったお弁当を食べていると思いますが、皆さんにとって、「こんなお弁当だったらいいなぁ」と思うポイントはどんなことですか。 **（想定される学習者の反応）** ・彩りがいい。 ・から揚げがたくさん入っている。	◎順番に聞いていき、T2は生徒の意見を板書する。 ☆授業に積極的に参加しているか。
	■おうちの人のアンケート結果をみる。	【 T2：美術科教諭　説明 】 実は、事前に皆さんのおうちの人に、皆さんと同じ質問をしていました。結果をみてみましょう。 答えで多かったのはこの5つでした。おうちの人はこんなふうに思っているのですね。 皆さんとおうちの人の答えで共通するポイントは、この3つです。 〈 彩り〉 〈食欲がわく〉 〈栄養バランス〉	◎事前に保護者へのアンケート調査・集計をしておく。 ◎発言を待つ。なければ促す。 ☆授業に積極的に参加しているか。
	■2回目からの家庭科の授業内容を聞く。	【 T1：栄養教諭　説明 】 発表します。〇月〇日の調理実習の時間に、自分の家族のためにお弁当を作ります。テーマは「彩り」です。先ほどの3つの共通するポイントの中でも、「彩り」をより考えたお弁当作りをします。	◎自分一人の力で、100分程度の時間で作ることも補足する。
	■どうしたら、彩りがよく、食欲がわき、栄養バランスのよいお弁当を作ることができるか考える。	【 T1：栄養教諭　発問 】 どうしたら、彩りがよく、食欲がわき、栄養バランスのよいお弁当を作ることができるでしょうか。	◎発言を待つ。なければ促す。 ☆授業に積極的に参加しているか。

	■本時の学習課題をワークシートに記入する。	〈WS-1のワークシートを生徒のタブレットに送る〉 【T1：栄養教諭　説明】 今日の学習課題は『彩りがよく、食欲がわき、栄養バランスのよいお弁当を作るためには、どうしたらよいのだろうか』です。ワークシートに記入しましょう。ワークシートをタブレットに送ります。	＊タブレット ＊ワークシート：WS-1

学習課題

彩りがよく、食欲がわき、栄養バランスのよいお弁当を作るためには、どうしたらよいのだろうか。

展開1 15分	■「五彩」の考え方を聞く。	【T2：美術科教諭　説明】 なぜT1先生が美術の時間に来たのかわかりましたね。これから彩りのよいお弁当を作る理由とそのポイントを説明してもらいましょう。	＊PP1
	■「五彩」に青色が入っていない理由を聞く。	【T1：栄養教諭　説明】 今回は、「白・黒・赤・黄・緑」の5色を「五彩」としてお弁当作りを行います。「五彩」の説明の前に、T2先生になぜこの中に青が入っていないか教えていただきましょう。	
		【T2：美術科教諭　説明】 「色の三原色」である赤・緑・青のなかにある「青」が、なぜ「五彩」に含まれないのかについて説明します。青色は、食欲をなくす色だからです。これらの食べ物をみて、「食欲がわく」とは思いませんよね。わざと青色のレンズのメガネをかけたり、お皿やテーブルを青くして食事をするダイエット方法があるほどです。	
	■「五彩」のルールを聞く。	【T1：栄養教諭　説明】 「五彩」のルールとしては、食材の一部だけでもその色になっていれば「1彩」、つまり1つの色とみなします。例えば、りんごは皮面を上に向ければ“赤”、切り口を上に向ければ“白”となります。	◎単純にみた目の色であること、とても簡単であることを強調する。
	■「五彩」の食材や食品をあげ、発表する。	【T1：栄養教諭　指示】 ワークシートをタブレットに送ります。 個人で白・黒・赤・黄・緑色の食材や食品をできるだけ多くあげてください。その後、班ごとに共有し、発表してもらいます。個人作業の時間は3分間です。始めてください。	＊タブレット ＊ワークシート：WS-2 ◎机をあわせ、班長が司会をするよう伝える。 ◎班ごとに色を割り振り発表してもらう。 ◎タブレットの内容をテレビ等の画面に映す。

		3分経過しました。班で意見を共有してください。班活動の時間は3分間です。始めてください。 他の班の人が発表した食材や食品を自分のワークシートに記入します。 1班は白色の食材や食品を発表してください…。 （すべての班の発表が終わったら、） たくさんの食材や食品があがりましたね。	◎T2は生徒からあがった食材などのカードを黒板に貼る。ない場合は板書する。 ☆「五彩」の食材や食品を多くあげることができたか。 ＊PP2・3・4 ◎PPを用いて、思い浮かばなかった食品を補足する。
	■色ごとの共通点を考える。	【T1：栄養教諭　発問】 色ごとの食品をみて、何か気づきましたか？ （想定される学習者の反応） ・同じような食品は色も同じ？	◎色ごとに食品群が似ている、共通する部分があることに気づかせる。
	■食品群を確認する。	【T1：栄養教諭　説明】 そうですね。色ごとに食品群が似ていることがわかりますね。色ごとに1～6群の食品を確認していきましょう。	☆色と食品群の共通点に気づくことができたか。
展開2 15分	■給食の五彩を確認する。	【T1：栄養教諭　発問】 みなさんの身近にあるバランスのよい食事と言えば何ですか。タブレットに今月の給食だよりと今日の給食の写真を送ります。これらを見て、五彩を確認しましょう。	＊給食だより（裏面） ＊今日の給食（写真）
	■どの色のお弁当が、一番食欲がわくか考え、発表する。	【T1：栄養教諭　発問】 五彩の1つの色のみの食品をお弁当箱に詰めた場合と、五彩すべてを入れた場合のお弁当を作ってみましたが、どの色のお弁当が、一番おいしそうですか。 （想定される学習者の反応） ・6番のお弁当　＊使用教材PP5を参照	＊PP5 ◎生徒の意見を引き出す、発言を促す。 ☆授業に積極的に参加しているか。
	■「五彩」と栄養との関係を考える。	【T1：栄養教諭　発問】 次に、単色で作ったお弁当と五彩を揃えたお弁当を比較して、どの色のお弁当が一番栄養バランスがよさそうですか。 （想定される学習者の反応） ・「五彩」弁当	◎彩りの偏りが栄養バランスに現れていることに触れる。 ☆授業に積極的に参加しているか。
	■PPをみて、栄養素のバランスがよいことを確認する。	【T1：栄養教諭　説明】 このPPをみてください。五彩弁当はエネルギーやそれぞれの栄養素のバランスがよいですね。	＊PP6・7

	■お弁当の詰め方のポイントを考える。 ■栄養バランスがよいと思うお弁当を選ぶ。	【T1：栄養教諭　発問】 では、次に詰め方です。「五彩」が揃っていたとしても、この3つのなかで一番栄養バランスがいいものはどれでしょう。 （想定される学習者の反応） ・左側のお弁当？ ・真ん中のお弁当？	◎生徒の回答が得られたあとに、エネルギーや栄養素量の結果を示す。 ◎五彩と食品群が関連していることから、満遍なく食品群をとった結果であることを補足する。 ＊PP8 ◎PPの○×は、生徒の回答後に出す。
	■ご飯の詰め方を聞く。	【T1：栄養教諭　説明】 このグラフをみると、「五彩」が入っていても詰め方次第で栄養バランスが変わってしまいます。では、主食の量が増えると、主菜・副菜の割合はどうなるでしょうか。 逆に主食の量が減ると、主菜・副菜の割合はどうなるでしょうか。 「五彩」でせっかく整えた栄養バランスを崩さないよう、ご飯の量は、必ずお弁当箱の半分にすることが大切です。	＊PP 9 ◎主食の量が違うと、主菜、副菜の割合が変わることに気づかせる。 ＊PP10 ◎お弁当箱はどんな形でもよいことを補足する。
まとめ 150	■今日の授業のまとめをする。	【T1：栄養教諭　発問】 今日の授業のまとめです。 どうしたら、彩りがよく、食欲がわき、栄養バランスのよいお弁当を作ることができるでしょうか。	＊PP11 ◎まとめは生徒の口で言わせる。（教師は言わない） ＊ワークシート：WC-1

まとめ
①「五彩」を必ず入れることで、 食欲もわき、栄養バランスもよくなるお弁当が作ることができる。 ②詰め方も大切で、ごはんはお弁当箱の半分にすることで、栄養バランスが整う。

	■本時のまとめをワークシートに記入する。	【T1：栄養教諭　説明】 今日の授業のまとめをワークシートに記入しましょう。	☆ワークシート：WC-1 ワークシート：WC-2
	■本時の学習を振り返り、ワークシートに記入する。	【T1：栄養教諭　指示】 ワークシートに記入してください。	◎ワークシート記入中、T1、T2は机間指導し、生徒の質問などに答える。
	■先輩が作ったお弁当をみる。	【T1：栄養教諭　説明】 最後に、皆さんの先輩がこれまでに作ったお弁当をみてみましょう。ぜひ参考にしてみてください。	＊PP12 ◎先輩のお弁当をみせることで、作ってみたいと思う意欲を高める。
	■おわりの挨拶	〈 生徒の号令の下、授業終了の挨拶をする 〉	

〈使用教材〉

美術科ワークシート：WS-1

お弁当をつくろう

2年　組　番名前 _____

学習課題 _____

_____ とは？

下の下線部に色を入れましょう。

① _____ 色
② _____ 色
③ _____ 色
④ _____ 色
⑤ _____ 色

主菜　副菜1　副菜2

主食

まとめ _____

ふり返り _____

美術科ワークシート：WS-2

五彩食材

白色の食べ物

黒色の食べ物

赤色の食べ物

黄色の食べ物

緑色の食べ物

PP1

五彩とは

白　黒
赤　黄　緑

PP2

「白」の食べ物

はんぺん	エリンギ	卵白身	ちくわ
えのきたけ	チーズ	大根	しらたき

PP3

「黒」の食べ物

こんぶ巻き	なす	のり	きくらげ
黒ごま	黒まめ	ひじき	もずく

PP4

「黄」の食べ物

かぼちゃ	とうもろこし	パプリカ	たくあん
ゴールドキウイ	卵焼き	糸うり	グレープフルーツ

PP5

PP6

どれが一番おいしそう？

PP7

栄養バランス
（白色弁当）

エネルギー
炭水化物
たんぱく質
脂質
ビタミン類
無機質

25　50　75　100

PP8

栄養バランス
（五彩弁当）

エネルギー
炭水化物
たんぱく質
脂質
ビタミン類
無機質

25　50　75　100

PP9

ポイントは「詰め方」です

PP10

栄養バランス
（五彩弁当）

エネルギー
炭水化物
たんぱく質
脂質
ビタミン類
無機質

25　50　75　100　125　150

PP11

ごはんはお弁当箱の半分

PP12

今日の授業のまとめ

①五彩を必ず入れることで、
　食欲もわき、栄養バランス
　もよくなるお弁当を作る
　ことができる！
②つめ方も大切で、ごはん
　（主食）は必ずお弁当箱の
　半分にする！

4月の食品表

> 急に献立・食材の変更をする場合があります。ご了承下さい。（）は中学のみです。

日	曜	<赤>からだをつくる食品		<緑>からだの調子をととのえる食品		<黄>からだのエネルギーになる食品	
		1群（肉、魚、卵、豆等）	2群（乳、海藻、小魚等）	3群（緑黄色野菜）	4群（淡色野菜、果物、きのこ等）	5群（ごはん、パン、いも等）	6群（あぶら）
8	木	鶏肉、大豆、ツナ	牛乳	にんじん、アスパラガス、さやいんげん、赤ピーマン	たまねぎ、しょうが、にんにく、キャベツ、コーン、いちご	ごはん、麦、じゃがいも	米油、ごま油、ごま
9	金	豚肉、鶏肉、大豆、豆腐、ツナ	牛乳、チーズ、わかめ	パセリ、にんじん	たまねぎ、キャベツ、しめじ、きゅうり、コーン	ごはん、じゃがいも、マカロニ	マヨネーズ
12	月	鶏肉、ハム、豆腐	牛乳、ひじき	こまつな、にんじん、パセリ	キャベツ、きゅうり、こんにゃく、だいこん、ごぼう	ごはん	米油、ごま油
13	火	鶏肉、油揚げ、さば、大豆、さつま揚げ、豆腐	牛乳、昆布	にんじん、きぬさや	たけのこ、ごぼう、キャベツ、オレンジ	ごはん	米油
14	水	豚肉、ハム、生揚げ、大豆	牛乳、わかめ（チーズ）	にんじん、こまつな	たまねぎ、きゅうり、コーン、もやし	ごはん、じゃがいも、こんにゃく	マヨネーズ、ごま、米油
15	木	マス、油揚げ、ハム、豚肉	牛乳	赤しそ、さやいんげん	キャベツ、きゅうり、しめじ、にんじん、もやし、たまねぎ、だいこん、しいたけ	ごはん、じゃがいも、こんにゃく	ごま、ごま油
16	金	ほたて、あさり、いか、ツナ、大豆	牛乳	ブロッコリー、グリンピース	コーン、マッシュルーム、エリンギ、きゅうり、みかん、パインアップル、桃、しめじ	ごはん、麦	米油
19	月	豚肉、ハム、鶏肉、豆腐、うずら卵	牛乳、チーズ	にんじん、チンゲンサイ	たまねぎ、しょうが、にんにく、きくらげ	ごはん、じゃがいも、春雨	米油、ごま、ごま油
20	火	ししゃも、豚肉、ツナ	牛乳、チーズ、わかめ	ほうれんそう、にんじん、にら	キャベツ、切干大根、しょうが、たまねぎ	ごはん、ワンタン	ごま油、米油
21	水	鶏肉、大豆、油揚げ	牛乳、ひじき	さやいんげん、にんじん、こまつな	しょうが、にんにく、ねぎ、もやし	ごはん、こんにゃく、もやし	ごま油、ごま油
22	木	カレイ、ひよこ豆、ハム、鶏卵、青えんどう豆、赤いんげん豆、かまぼこ	牛乳、もずく	アスパラガス、にんじん、こまつな	ねぎ、しょうが、キャベツ、もやし	ごはん	ごま油、米油、ごま
23	金	豚肉、なると巻、ハム、大豆	牛乳、ちりめんじゃこ、茎わかめ	にんじん、こまつな	しょうが、にんにく、ねぎ、キャベツ、もやし、メンマ、コーン、きゅうり、りんごシャーベット、腸	中華めん、さつまいも	アーモンド、米油、ごま油、マヨネーズ
26	月	豚肉、生揚げ、大豆	牛乳、わかめ	さやいんげん、にんじん、こまつな	れんこん、しめじ、えのきだけ、コーン、キャベツ、きゅうり	ごはん	アーモンド、米油、ごま
27	火	ホキ、鶏肉、高野豆腐、油揚げ、大豆	牛乳、わかめ	にんじん、こまつな	たけのこ、ふき、もやし、キャベツ	ごはん、じゃがいも	ごま、ごま、米油
28	水	大豆	牛乳、（小魚）わかめ	にんじん、赤ピーマン、ほうれんそう、さやえんどう	しょうが、たまねぎ、もやし、コーン、たけのこ、だいこん、きゅうり	ごはん	カシューナッツ、ごま、ごま油、米油、ごま
30	金	豚肉、大豆、かまぼこ、えび	牛乳、わかめ	にら、にんじん	にんにく、しょうが、ねぎ、きゅうり、コーン、だまねぎ、しいたけ、きくらげ、パインアップル、ナタデココ	ごはん	ごま油、ラー油

*今日の給食（写真）

4月14日の給食

【黄】
コーン

【赤】
にんじん

【白】
じゃがいも
豆腐
もやし
ごはん

【緑】
きゅうり
小松菜

【黒】
わかめ

Chapter 4

高校生を対象とした指導

「減塩ルネサンス運動」

4-1 概　要

- **対 象 者**：高校 1 年生 20 人前後
- **実施科目**：特別講座　担当者：地域活動をしている管理栄養士あるいは栄養教諭
　　　　　　（高校教諭にも協力依頼）
- **主　　催**：新潟県福祉保健部健康対策課、新潟県栄養士会

4-2 栄養アセスメント

身体計測		BMI 平均値±標準偏差：22.1±4.5 kg/m²
栄養・食生活	エネルギー 栄養素摂取状況	食塩相当量：9.8 g/日（食事調査） 尿中補正塩分排泄量の平均値：10.6 g/日（減塩モニター）
	食事摂取状況	1 日の摂取量の過不足：食事バランスガイドの目安量と比較 　主食：−2（SV）、副菜：−2（SV）、主菜：+1（SV）、 　乳製品：−1（SV）、果物：−1（SV）
	食知識、食スキル 食態度、食行動	食事または食品中に含まれている食塩量に関する知識が乏しい 減塩の意義を把握していない者が多い
	食環境	昼食の主な入手は、コンビニエンスストア利用者が約 60%、 残り 40% は弁当持参
その他		部活動終了後にインスタント食品を食べることが多い

4-3 課題の抽出と優先課題の検討

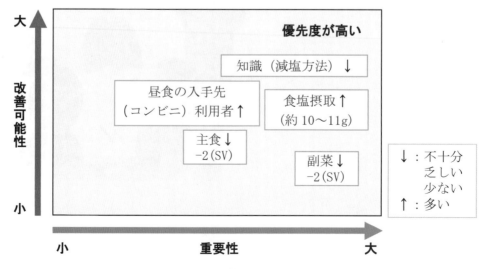

4-4 全体計画

目　　標	評価指標	《評価方法》
1【実施目標】　実施に関する目標		
講義と実験1回、調理実習1回、グループ討議1回を行う	1）それぞれの実施回数	《実施記録》
2【学習目標】　知識の習得、態度の変容、スキル形成に向けての目標		
（知　識）・食塩量の多い食品や料理を把握する ・減塩の意義に関する知識を有する （態　度）・減塩したいと思う （スキル）・減塩食摂取に必要な技術を身につける	2-1）食塩量の理解 2-2）減塩の意義の理解 2-3）減塩への意欲 2-4）減塩食の調理技術	《質問紙調査1》 《質問紙調査1》 《質問紙調査1》 《調理実習時の様子》
3【行動目標】　行動形成または修正し、行動変容に発展させる目標		
インスタント食品の摂取回数を週1回以下にする	3）インスタント食品摂取回数	《行動記録》
4【環境目標】　食環境づくりに関する目標（栄養情報の提供等）		
ランチルームに減塩に関する食卓メモを月1回掲示する	4）食卓メモ掲示回数	《食卓メモ》
5【結果目標】　学習プログラムの最終的な目標　（QOL、身体状況、生化学データなど）		
食事のQOL（食事の楽しみ、食事の充足感、食事に対する満足感など）向上者を6割以上にする	5）食事のQOL	《質問紙調査2》

4-5 カリキュラム　　実施回数　3回

回数	学習内容（学習の主題）	学習形態	目標番号	評価指標	スタッフ
1回目	・日頃の自分の食塩摂取量を把握しよう ・食塩量の多い食品や料理を把握しよう ・減塩の方法および行動目標を考えよう ・「若い時から減塩する」意義を考えよう	講義 実験	2	2-1） 2-2） 2-3）	・地域活動の 　管理栄養士 　（担任教諭）
2回目 2週後	・減塩料理にトライして、試食をしてみよう	調理実習	2	2-4）	・地域活動の 　管理栄養士 　（家庭科教諭）
3回目 1か月後	・行動目標の実施状況を振り返ろう ・食事に対する満足感を話し合おう	6-6式討議	3 5	3） 5）	・地域活動の 　管理栄養士 　（担任教諭）

4-6 指導案　　カリキュラム1回目　（実施時間：60分）

	学習者の活動	指導者のはたらきかけ （予想される学習者の反応）	留意点（◎）、教材（＊）、評価（☆）
導入 10分	■参加の意欲を高める。 ■今日の内容を聞く。	【自己紹介・アイスブレイク】 数種類のカップ麺などを教卓に並べ、どれが好きか確認し、人気順に並びかえる。 【本日の授業の説明】 今日は、以下の4つについて確認や測定をしていただこうと思います。 1. 自分の食塩摂取量を確認する。 2. 塩分の測定（カップ麺や市販スープ）。 3. 減塩するための方法を考える。 4. 減塩は若年時から行うことが重要であることを確認する。	◎カップ麺を見せ、学習の動機づけを行う。 ◎本日の授業内容について、事前に板書しておくか、紙に書いておいたものを貼り出す。
展開 30分	■日頃の食事を振り返る。 日頃食べている食事を選び、1日の食塩摂取量を計算する。 ■目標量以上の人は手をあげる。	【指示】 では、早速ですが、手元にあるクリアファイルの中に挟まれている食事チェック表をご覧ください。この表の内容は、クリアファイルの表面に書かれているものと同じですが、チェックしにくいので、紙ベースの表を挟んでおきました。 では、食事の写真を見て、自分が日頃食べている食事を選び、1日の食塩摂取量を計算してみてください。 朝食、昼食、夕食、間食などすべて選んでください。該当する料理がない場合は、似たような食事を選んでください。 食塩摂取量を求めるにあたり、注意してほしいことがあります。それは、例えば、おにぎりは1個の食塩が約1.2gですので、2個食べる場合は2倍の食塩量（2.4g）になります。 また、おにぎりなどのように、記載してある数量と写真に載っているおにぎりの個数が異なる料理や食品がありますので、記載してある数量を確認して計算してください。 【指示】 食事チェック表に、男女それぞれの1日の食塩摂取量の目標量が書いてありますが、目標量以上を摂取していたという人は手をあげてください。 （想定される学習者の反応） ・手をあげる生徒が半数以上。	＊クリアファイル 　（表面） ＊食事チェック表 ◎机間指導 ◎該当する料理がないといっている生徒には、似たような料理を教える。 ◎食塩摂取量が、極端に少ないか、または多い生徒には、数量を間違えていないかを確認する。

		【説明】	◎手をあげた人に、マイナスイメージを持たせないよう、言葉（声掛け）を工夫する。
		手をあげてくれた人が多く、減塩のしがいがあり、うれしいです！　事前に減塩モニターで測定した皆さんの尿に排泄された食塩量の平均値も 10.6 g と多い状況でした。	
		【指示】	＊食事チェック表 ＊クリアファイル（表面）
		では、先ほどの食事チェック表またはクリアファイルの表面をもう一度見てください。	
	■食事チェック表の食品の食塩量を確認し、どのような食品や料理に食塩が多いか確認し、発表する。	【発問】	◎生徒の回答を板書して、食塩量の多い食品を目に焼きつける。もし、間違って認識している場合は、補足説明をして誤解をとく。 ＊フードモデルがあれば、食塩量の多い順番に並べる。
		表を見て、どのような食品や料理に食塩が多く含まれているか確認してみましょう。 食塩は、どのようなものに多く含まれていますか？	
		（想定される学習者の反応） ・インスタント食品 ・丼もの ・麺（うどん、ラーメンなど）	
		【指示】	
		今、確認していただいたように、インスタント食品は食塩量が多いことに気づいたと思いますが、本当にそうなのか、実際の食塩量を測定し、確認していただきたいと思います。	
	■市販スープやカップ麺などの食塩濃度(%)を測定し、食塩量(g)を計算する。	【指示】	＊測定用のインスタント食品（インスタントスープ、カップ麺） ＊塩分測定器（使用マニュアル）
		各グループ（または代表者）で、塩分測定器を使い、用意した食品の食塩濃度を測定してください。	
		【指示】	◎食塩濃度の測定器の台数に応じて、グループで行うか、代表者にやってもらうか適宜対応する。
		測定器に表示される値は、食塩濃度%（g/100g）に相当しますので、インスタントスープまたはカップ麺の汁を全部飲んだ場合の食塩量が何 g になるか計算してみましょう。	
		【説明】	◎生徒が測定している間に、具体的な計算法を板書し、説明する。
		測定した食品のパッケージをご覧ください。 パッケージのどこかに食塩量の表示がありますので、確認してください。 以前は、食塩量ではなく、ナトリウム量で記載されていましたが、もし、ナトリウム量で記載されている場合は、クリアファイルに記載してある計算式で、食塩量を計算する必要があります。	

		【指示】	
	■パッケージの食塩量と、実際に測定した食塩量がマッチしているか確認する。	では、パッケージに記載してある食塩量と、自分たちが測定した食塩量があっているかどうか確認してください。	◎測定したラーメンを食塩量の多い順に並べ、なぜ違いがでるのかを目に見えるように工夫する。
		【説明】	
		インスタント食品には、こんなに多くの食塩が含まれているのですね。でも、私たちは、食塩量の多い料理を食べたくなる時があると思いますし、食べてはいけないということではありません。目標量になるようにするためには、選び方や食べ方の工夫が必要ということです。	
	■減塩の工夫を考え発表する。	【発問】	
		では、食塩量の多い料理を食べる際には、どのような工夫をすればよいのでしょうか？	◎生徒の考えを繰り返し、よい気づきをほめる。
		（想定される学習者の反応）	◎意見が出ない場合はヒントを与え発言を引き出す。
		・麺類は汁を半分残す。 ・漬物などは量を少なくする。 ・生醤油ではなく、ポン酢醤油を使う。 ・表示を見て食塩量の少ない方を選ぶ。	＊クリアファイル（裏面） ◎上手な減塩方法の3つのポイントについて補足説明をする。
		【説明】	＊クリアファイル（裏面） ＊パソコン
	■食塩と胃がん・循環器疾患・脳卒中の関係を聞く。	では、今日、皆さんに、なぜ、自分の食事中の食塩量やインスタント食品の食塩量を測定していただいたか、また、減塩の工夫を考えていただいたかの理由を説明します。	◎クリアファイルに書かれている関連webサイトにアクセスし、科学的根拠（エビデンス）をパワーポイントで説明する。特に、若いうちに減塩することの意義を詳しく説明する。
	■若いうちに減塩することの効果を確認する。	1. 食塩と胃がん・循環器疾患、脳卒中のリスクの関係。 2. 減塩は高齢になってからよりも、若いうちから心がけると、とても効果が期待できる。	
まとめ 20分	■本日の学習内容を振り返り、感想や疑問点を考える。	【指示】	◎意見が出なければ、グループから代表で1人ずつ発言するよう促す。
		今日の学習を通じて、印象に残ったことや、疑問に思うことを振り返り、発表してください。	◎学習者の感想、疑問点を板書する。
		（想定される学習者の反応）	◎生徒の反応を繰り返
		・自分が摂取している食塩量に驚いた。 ・カップ麺の食塩量の多さに驚いた。 ・食塩と胃がんの関係を初めて知った。	

		・これから工夫しようと思った。 ・脳卒中ってどんな病気か詳しく教えてほしい。	して、よい気付きをほめる。 ◎疑問点が出た場合には答える。
	■本日の学習内容を振り返り質問紙に記入する。	【指示】 では最後に、本日の振り返りをし、質問紙に記入をお願いします。	☆質問紙調査1 2-1)、2-2)、2-3) の評価
	■次回の予定を聞く。	【説明】 次回は、みんなで減塩食を調理し、自分の弁当箱につめて試食をしてみたいと思います。 これは、私たちが作成した中学生・高校生・大学生向の弁当レシピ集です。今回は、特別に無料でプレゼントいたします！！ 来週は、このレシピ集に書かれている料理を何品か作ってみましょう。もし作ってみたいものがあれば、教えてください。次回まで、試しに作っていただいても結構です。 では、本日はこれで終わりになります。	＊中学生〜大学生向け弁当レシピ集 （新潟県栄養士会作成） ◎次回の調理実習が楽しみと思ってもらえるよう、ワクワク感が高まるような声掛けをして終了する。

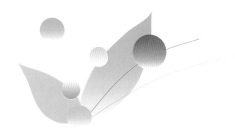

にいがた減塩ルネサンス運動

さぁ、あなたの食塩量をチェックしてみましょう！

1日にどのくらいの食塩をとっているか、分かるようで分からない、そんな方が多いのではないでしょうか？

日常的によく食べる1日分の「料理」や「食品」を下の表から選び、食塩の量を確認し、食生活を振り返ってみましょう～。（朝、昼、夕、間・夜食からよく食べるものに○をつけましょう。）

		朝	昼	夕	間・夜		朝	昼	夕	間・夜		朝	昼	夕	間・夜		朝	昼	夕	間・夜		朝	昼	夕	間・夜
主食	ごはん 1膳（150g） 食塩：約0.0g					おにぎり（梅・鮭等）1個 食塩：約1.2g					ふりかけごはん（弁当等）食塩：約0.3g					寿司（いなり・のり巻き等）コンビニ 食塩：約3.1g					丼（親子・かつ・牛・海鮮丼等）食塩：約3.7g				
	カレーライス 1皿 食塩：約3.2g					チャーハン・ピラフ 1皿 食塩：約2.8g					食パン 6枚切り1枚 食塩：約0.8g					調理パン（焼きそば、コロッケ等）1個 食塩：約1.9g					サンドイッチ（ミックス）食塩：約2.7g				
	うどん（月見・きつね）1杯 食塩：約4.8g*汁全部					焼きそば・うどん 1皿 食塩：約3.3g					味噌ラーメン 1杯 食塩：約6.3g*汁全部					カップうどん 普通サイズ 食塩：約6.4g*汁全部					カップラーメン 普通サイズ 食塩：約5.1g*汁全部				
	インスタント焼きそば 1皿 食塩約3.1g					スパゲッティ（ナポリタン、ミートソース等）1皿 食塩：約2.7g					スパゲッティ（めんたいこ）1皿 食塩：約2.1g					ピザ 1枚 食塩：約3.3g					ハンバーガー 1個 食塩：約2.5g				
主菜	ウインナーソーセージ 3本 食塩：約0.9g					ハム 2枚 食塩：約1.1g					鶏のから揚げ 1皿 食塩：約0.7g					チキンナゲット（ケチャップ付き）1皿 食塩：約2.0g					豚肉しょうが焼き 1皿 食塩：約1.5g				
	メンチ・とんかつ（ソース付き）1皿 食塩：約1.4g					ハンバーグ（ソース付き）1皿 食塩：約2.2g					焼きとり 1本 食塩：約0.3g					肉じゃが 1皿 食塩：約1.7g					肉だんご（あんかけ）1皿 食塩：約2.2g				
	春巻き（タレ付き）1皿 食塩：約1.1g					餃子・しゅうまい（醤油付き）1皿 食塩：約1.8g					焼き魚（塩鮭など）1切れ 食塩：約1.1g					魚の照焼き・かば焼き 1切れ 食塩：約1.4g					刺身（醤油付き）1皿 食塩：約0.9g				
	納豆（醤油付き）1パック 食塩：約0.6g					冷ややっこ（醤油付き）1/4丁程度 食塩：約0.7g					マーボ豆腐 1皿 食塩：約1.9g					卵焼き 1個分 食塩：約1.3g					オムレツ（ケチャップ付き）1皿 食塩：約1.8g				
副菜	野菜お浸し（醤油味）小鉢1つ 食塩：約0.8g					野菜お浸し（ポン酢味）小鉢1つ 食塩：約0.5g					野菜・根菜の煮物 小鉢1つ 食塩：約1.4g					あえ物（ごま、味噌等）小鉢1つ 食塩：約1.1g					きんぴら（ごぼう、れんこん等）小鉢1つ 食塩：約0.8g				
	ナムル風和え物 小鉢1つ 食塩：約1.3g					野菜・海草酢の物 小鉢1つ 食塩：約1.0g					野菜炒め（醤油、味噌、塩味）1皿 食塩：約1.1g 野菜					野菜炒め（中華味）1皿 食塩：約1.5g					天ぷら（天つゆ付き）1皿 食塩：約2.7g*汁全部				
	サラダ（マヨネーズ）1パック 食塩：約0.6g					サラダ（ノンオイルドレッシング）1パック 食塩：約1.3g					サラダ（フレンチドレッシング）1パック 食塩：約0.5g					サラダ（中華ドレッシング）1パック 食塩：約0.9g					ポテトコロッケ（ソース付き）1皿 食塩：約1.3g				
	フライドポテト 1皿 食塩：約0.3g					えだ豆（塩つき）殻なし60g 食塩：約0.7g					自家製みそ汁 1杯 食塩：約1.2g					インスタントみそ汁 1杯 食塩：約2.4g					インスタントスープ 1杯 食塩：約1.8g				
乳・果物・菓子・他	牛乳 200mlまたはヨーグルト小1個 食塩：約0.2g					チーズ 1枚 食塩：約0.5g					果物 1皿 食塩：約0.0g					アイスクリーム 1カップ 200g 食塩：約0.6g					野菜ジュース 180ml 食塩：約1.1g				
	スナック菓子 1個 食塩：約0.5g					菓子パン 1個 食塩：約0.3g					たらこ・すじこ 20g程度 食塩：約1.0g					漬物 小皿1つ 食塩：約1.0g					梅干し 1個 食塩：約2.1g				

【一日の食塩摂取量を計算してみよう】
⇒【上の一覧表から選んだ「料理」や「食品」に記載されている食塩量を朝食、昼食、夕食、間・夜食毎に計算してみましょう。】

朝食： (g)	昼食： (g)	夕食： (g)	間・夜食： (g)

朝食から間食・夜食まで合計しましょう。
あなたの1日の食塩摂取量が算出されます。

あなたの1日の食塩摂取量：約	g

12歳以上の一日の食塩摂取量の目標量は、男性7.5g未満、女性6.5g未満です。「日本人の食事摂取基準2020年版より」

新潟県　協力：（公社）新潟県栄養士会スマート・ダイエット・キャンペーン事業企画運営委員会

○食塩チェックはいかがでしたか？
食塩摂取量が目標量より上回っていた方は、**上手な減塩方法**を身につけ、おいしく、そして体にやさしい食塩のとり方を身につけましょう。

◆上手な減塩方法（3つのポイント）

できることから
取り組んでみよう！

ポイント

1．ちょっと待て、⛔調味料はちょっとずつ！
2．ちょっと待て、⛔全部飲んだらしょっぱいぞ！
3．ちょっと見て、👀表示にあるよ食塩量！

★食品パッケージの、エネルギー（カロリー）チェックだけではなく、食塩がどの程度含まれているのかも確認してみましょう。ただし、多くの食品で表示されている「ナトリウム量（Na）」では、「食塩量相当」に換算しないとチェックできません。次の計算式から、食品に含まれている食塩の概量を確認しましょう。

ナトリウム(mg)×2.54÷1000＝食塩(g)
で食塩相当量を割り出すことができます。

（算出例）ナトリウムが400mgの場合
400mg×2.54÷1000＝1.0g
※ナトリウム400mgの場合、約1gの食塩が含まれていることになります。

◆減塩がなぜ必要なのでしょうか？

①**食塩のとり方は、若いうちから気をつけることが大切です。**
なぜなら、減塩することは、高血圧傾向の人の血圧コントロールにおいて大切なことですが、予防につながるものとしても有効だからです。
出典「1971年循環器疾患基礎調査」

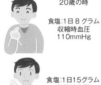

20歳の時
食塩:1日8グラム
収縮時血圧
110mmHg

60歳の時
収縮時血圧
129mmHg→正常血圧

40年後には

食塩:1日15グラム
収縮時血圧
110mmHg

高血圧予防効果
16mmHg

収縮時血圧
145mmHg→I度高血圧

②**食塩をたくさん摂取するグループで、男性の胃がん・循環器病・脳卒中のリスクが上がることが、調査結果から報告されています。**
出典「多目的コホート研究ホームページより
http://epi.ncc.go.jp/jphc/」

◆新潟県民の食塩摂取の状況

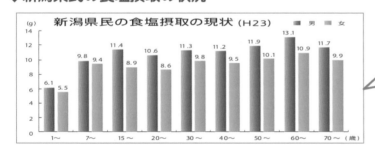

新潟県民の食塩摂取の現状（H23） ■男 ■女

年齢(歳)	男	女
1〜	6.1	5.5
7〜	9.8	9.4
15〜	11.4	8.9
20〜	10.6	8.6
30〜	11.3	9.8
40〜	11.2	9.5
50〜	11.9	10.1
60〜	13.1	10.9
70〜	11.7	9.9

子どもから大人まで、食塩のとり過ぎがみられました。15歳〜19歳の男性では、平均で11.4gの食塩摂取量という結果でした。

◆そこで、新潟県では県民の皆様とともに減塩運動に取り組んでいます。

にいがた 減塩 ルネサンス運動

さぁ、あなたも今日から一緒に始めましょう！

食塩は1日1g減らしましょう
野菜は1日1皿増やしましょう
果物は1日1個とりましょう

◆新潟県では、胃がん・高血圧対策として、減塩と野菜と果物を適量食べることの大切さを県民の皆様に伝える運動を展開しています。

《質問紙調査1》

このたびは、「高校生の食生活啓発事業」にご参加いただき、ありがとうございました。
授業後の皆さんの様子を知りたいので、アンケートにご協力ください。なお、この調査の一部は高校生の食生活の支援方法を検討するために、学会などで発表する可能性があります。その際は高校名を明示せず、プライバシーには十分に配慮して使用させていただきますので、質問1～10にお答えください。

◆出席番号＿＿＿＿＿番　　＊アンケート集計上必要となります

質問1：性別（男　・　女）

質問2：1日の食塩の適量は、何gですか？＿＿＿＿＿g　　配布した資料を見ないで、数字を記入してください。

質問3：カップラーメン（内容量80g～100g程度）には、おおよそ何gの食塩が含まれていますか？
　　　配布した資料を見ないで、数字を記入してください。　　おおよそ＿＿＿＿g

質問4：今後、麺類の汁（スープ）の飲む量をどのくらいにしようと思いますか？（該当番号1つに○）
　　　1）全部飲む　　2）半分くらい飲む　　3）少し飲む

質問5：今後、食品（食材）を買う時にナトリウム量（食塩量）は見ようと思いますか？（該当番号1つに○）
　　　1）ほとんど見ない　2）時々見る　　3）いつも見る

質問6：高校生に、減塩は必要だと思いますか？　（該当番号1つに○）
　　　1）わからない　　2）いいえ　　3）はい

質問7：今後、『減塩』について気をつけようと思いますか？（該当番号1つに○）
　　　1）思わない　　2）思う　3）とても思う

⬇

| 2）及び3)回答者のみ |

質問8：今後、気をつけようと思う事を優先度の高い順に3つまで、具体的に書いてください。
　1
　2
　3

質問9：本日の学習内容について、該当番号1つに○をつけ、内容を具体的にお書きください。
1)あまり参考にならなかった
　理由：
2) 少し参考になった
　参考点
3)とても参考になった
　参考点

質問10：その他、今回の学習に対する意見・感想などを自由にお書きください。

ご協力ありがとうございました。

Chapter 5

大学生アスリートを
対象とした指導
「水泳選手への指導」

5-1 概　要

▨ アスリートの特徴
・多くの場合一般の人よりも身体活動量が多いため、これに見合ったエネルギーおよび栄養素を摂取することが求められる。
・競技力の向上につながると認識した取り組みについては、積極的に受け入れる傾向がある。
・競技種目、ポジション、競技レベル、身体づくりの目的等において個人差がある。
・期分け（トレーニング期、試合期、オフ期）という考え方がある。

▨ アスリートを対象とした栄養教育を計画する際の留意点
① 対象者が摂取すべきエネルギー量や栄養素量を、性・年齢だけではなく競技特性やトレーニング量も加味して検討し、計画立案に活かす。
② 競技上の目的や具体的数値目標と、これを達成するための栄養面の課題を明確にし、その課題によっては対象者を絞ることも必要である。
③ 集団指導においては、対象者全員に共通する目的・目標と課題を慎重に見出すとともに、集団指導の内容を個人指導に落とし込む仕組みをつくる。
④ 期分けを考慮し、集団指導を実施するタイミングを図る。

▨ **対象者**　　　N大学競泳選手

▨ **担当者**　　　N大学教員（管理栄養士）

▨ **競技目的・目標**　目的：日本学生選手権水泳競技大会（インカレ）において好成績を収める。
　　　　　　　　　　　目標：個人種目で入賞者を出す。ベスト記録更新者率を75％にする。

▨ **栄養面の課題**　トレーニング期および試合期を通じてコンディションを維持するための自己管理能力が不十分。

▨ **スケジュール**　サポートの期間、実施方法と時期、評価の時期等、対象者の競技スケジュールにあわせ検討する。

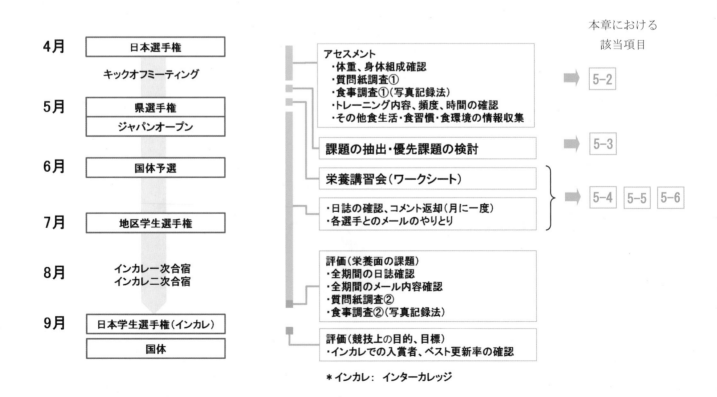

5-2 栄養アセスメント

身体計測 体重、身体組成	・新入生には入学してからの1か月間で体重が1～3kg増加あるいは減少している選手が多く、身体組成の変化も上級生に比べて大きい ・毎日のコンディション管理の方法を知らず、実施していない	
栄養・食生活	食知識、食スキル 食態度、食行動	・料理カテゴリー（主食、主菜、副菜、果物、乳製品）の知識が曖昧 ・調理技術、料理や食品の選択の技術が乏しい ・競技のために食事改善に取り組む意欲はあるが、知識が乏しく、行動が伴っていない 　上記の傾向は新入生に、より強く見受けられる

↓

体重が安定しない要因として知識不足が考えられるため、新入生15名（男9名女6名）を重点的に指導する

↓

栄養・食生活	食環境	・多くが一人暮らしを始めたばかり ・朝食は自分で準備、昼食は学生食堂（以下、学食）で摂る者が多い ・夕食は、練習後に学食で運動部員のために用意される定食を全員で食べている
	食事摂取状況	・食事調査①（写真記録法、3日間）によると、1日を通して、副菜、果物、乳製品の摂取が少ない
その他 トレーニング	月～金曜日　16：30～20：30　※水曜日は早朝練習も実施（7：00～8：30） 土曜日　　　 9：00～12：00、13：30～16：00 日曜日　　　オフ	

5-3 課題の抽出と優先課題の検討

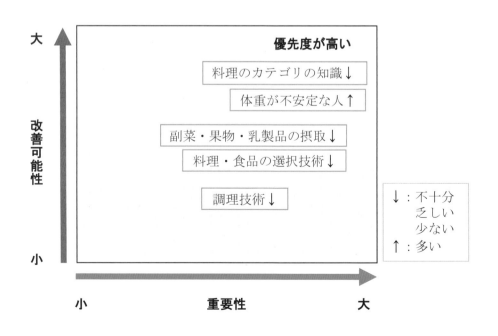

5-4 全体計画

目　　　　標	評価指標	《評価方法》
1【実施目標】　実施に関する目標		
１回の栄養講習会、継続的なメール支援、日誌確認を行う	1）　講習会実施回数 2）　メール回数 3）　日誌確認回数	《実施記録》 《メール送受信》 《日誌》
2【学習目標】　知識の習得、態度の変容、スキル形成に向けての目標		
（知識）・コンディション管理の意義と方法を知る 　　　　・料理区分の内容と揃えることの意義を知る （態度）・食事を改善しようとする意欲を持つ （技術）・適切な料理や食品の選択スキルを持つ	2-1）　体重測定の理解 2-2）　料理区分の理解 2-3）　食事改善意欲 2-4）　料理・食品の選択	《質問紙①②》《ワークシート》 《質問紙①②》《ワークシート》 《質問紙①②》《ワークシート》 《食事調査①②》
3【行動目標】　行動形成または修正し、行動変容に発展させる目標		
・毎日体重をはかり、コンディションを確認する ・毎日、朝食で副菜を摂取する ・１日に１回以上、果物と乳製品を摂取する	3-1）　体重測定およびコンディションの確認有無 3-2）　朝食での副菜摂取回数 3-3）　１日当たりの果物と乳製品の摂取回数	《チェックシート》 《食事調査①②》 《食事調査①②》
4【環境目標】　食環境づくりに関する目標　（栄養情報の提供）		
・週１回、各選手へのメールによる情報提供および質問対応を行う	4-1）　メール回数	《メール送受信》
5【結果目標】　学習プログラムの最終的な目標		
・体重およびコンディション良好者の割合を80%以上にする ・個人のベストタイム更新者の割合を20%以上にする	5-1）　体重の推移、コンディションの自己評価 5-2）　競技成績	《チェックシート》 《メール内容》 《入賞者、ベスト更新率》

5-5 カリキュラム

時　期	項　目	内　　　容	目標番号	評価指標	スタッフ
５月上旬	栄養講習会	下記の内容について、ワークシートを用いながら講習会を実施する ・競技における食事・栄養の位置づけ ・コンディション管理と体重測定 ・５つの料理カテゴリー	2	2-1） 2-2） 2-3）	・チームの 　管理栄養士
５〜８月	（モニタリング） 日誌確認	・講習会１か月後に、質問紙②調査と食事調査②を行う ・講習会の翌日より日誌（コンディションの５段階自己評価、体重）をつけてもらい、月に１度回収してモニタリングを行う 回収後１週間以内にコメントをつけて返却する	3	2-4） 3-1） 3-2） 3-3）	・チームの 　管理栄養士 ・マネージャー 　（回収、返却）
５〜８月	メール	各選手に対し、日誌へのコメント以外の内容を伝えたり、質問への対応を行う中で情報提供を行う	4	4-1）	・チームの 　管理栄養士

5-6 指導案　カリキュラム1回目　「栄養講習会」　（実施時間：40分）

	学習者の活動	指導者のはたらきかけ（予想される学習者の反応）	留意点（◎）、教材（＊）、評価（☆）
導入 5分	■指導者を受入れる。 ■食事を思い出して記入する。	【自己紹介】 （状況に応じて、アイスブレイクの言葉を入れる） 【指示】 ではさっそくですが、お手元のワークシートをご覧ください。まずは、　1　に昨日の夕食と今朝の朝食に食べたものを書き出してみてください。後程、講義の中で使用します。	◎事前にパソコン、スクリーンを準備し、パワーポイント（以下、PPと表記）資料の映像を映しておく。 ＊ワークシート（資料1） ◎ワークシートへの氏名の記入を促す。
展開 25分	■競技スポーツにおける栄養や食事の位置づけについて、ワークシートに記入する。 ■質問に対して手をあげる。 ■競技スポーツにおける食事の位置づけを聞く。	【発問】 ではさっそく、皆さんに質問です。 ①練習、食事、休養…　あなたの競技力向上にとって、食事は何番目に大切ですか？ お手元のワークシートの　2　の①に数字を記入してください。 では、挙手をしていいただきます。1番目に大切な人（以降、2、3番目と挙手をお願いする） （予想される学習者の反応） ・1、2、3番目と意見が割れる。 【説明】 では、競技スポーツにおける食事や栄養の位置づけを確認します。 「適切な食事」をすればすぐに「競技力が向上する」というわけではありません。 競技力を向上させるのはトレーニングであり、トレーニングをしていない人が「適切な食事」をしても、タイムはあがりません。 ただし、「適切な食事」は、良好なコンディションにつながり、トレーニングが効率よく実施できます。すなわち、食事や休養は、このコンディション維持に欠かせない要素です。 トレーニングのように直接的な効果は感じにくいのですが、競技力向上に、必ず影響する要素であることを、ご理解ください。	＊PP① （質問①） ＊ワークシート（資料1） ◎全員が記入し終わるのを確認してから次に進む。 ◎挙手をしてもらう。 ＊PP② （競技における栄養の意味）

		【発問】	
		それでは次の質問です。 ②あなたは、食事の量をどのようにして決めていますか？	＊PP③ （質問②） ＊ワークシート（資料1）
		（予想される学習者の反応） ・いくつか決定方法の発言があるが、多くの学習者はよくわからない。	◎近くの席に座っている学習者のワークシートをみながら、確認する。
	■競泳選手の一日のエネルギー消費量の調査を聞く。	【説明】 どのくらいの量を食べればよいかを知るには、どのくらいのエネルギーを消費しているのかがわかればよいです。そこで、競泳選手の一日のエネルギー消費量を調べた調査をいくつかご紹介します。皆さんと同じ日本人大学生を対象とした調査もあります。しかしながら、ご覧の通り調査によって結果はバラバラです。 では、どうすればよいのでしょうか。	＊PP④ （競泳選手の一日のエネルギー消費量）
	■体重測定の意義を聞く。	【説明】 各自に必要な食事量を知る方法はいくつかありますが、今日は、毎日できて、かなり正確で、高度な技術のいらない方法をご紹介します。 それは「体重測定」です。 体重には短期的な増減と長期的な増減があります。短期的な増減が示すのは、水分の増減です。したがって練習前後など短時間の体重変化を測定する目的は、水分管理となります。 これに対し、長期的な体重の増減はエネルギー摂取と消費の収支を示すため、食事量を決定するときに有効です。体重の推移を観察することで、なりたい体重になるための食事量を知ることができます。	＊PP⑤ （体重測定）
	■体重計選びのポイントを聞く。	【説明】 体重計を持っていない人は、今週中に購入することをお勧めします。 合宿や遠征にも使用できるよう、<u>小さい、軽い、持ち運び可能</u>な体重計がお勧めです。	◎体重計の購入に抵抗が生じないよう、必要があれば価格や購入方法などの情報も提供する。安い体重計でよいことを説明する。

		【説明】	*PP⑥
	■体重測定の ポイントを 聞く。	適切な体重測定のポイントをご紹介します。 ・同じ条件ではかる。 　－起床時（排尿後、朝食前） 　－着衣は同種類のものにする。 ・定期的にはかる（できれば毎日）。 　→コンディションと関連づけやすい。 ・数日単位で考える。 　→エネルギー収支や身体づくりの確認がで 　　きる。	（体重測定のポイント）
	■食事選択時に気 を付けているこ とをワークシート に記入する。	【発問】 さて、本日最後の質問です。 ③あなたが食べるものを選ぶときに気を付けて いることは何ですか？ ワークシートの質問 2 ③に記入してください。	*PP⑦ （質問③） *ワークシート（資料1） ◎質問②とは別の学習 者のワークシートを みながら、確認する。
		（想定される学習者の反応） ・食材の色 ・炭水化物、たんぱく質、脂質などの栄養素	
		【説明】 そうですね。栄養素での分類も考えられますね。 食事を整えるとき、色々な分類の方法がありま すが、本日はそのひとつとして「主食、主菜、 副菜、果物、牛乳・乳製品」の5つのカテゴリ ー（区分）を説明したいと思います。	
	■写真の料理カテ ゴリー（区分）を 考え、発表する。	【発問】 この写真の料理は、「主食、主菜、副菜、果物、 牛乳・乳製品」のどの区分に該当するでしょう か？	*PP⑧ （食事の写真） ◎挙手または学習者か ら声があがるように、 ヒントを出しながら進 める。
	■5つの料理区分 を揃える意義を聞 く。	【説明】 では、それぞれの料理カテゴリーを摂取すると、 主にどのような栄養素が摂取できるかの説明を いたします。 ・主食（ご飯、パン、麺）→炭水化物（糖質） ・主菜（肉、魚、卵、大豆製品）→たんぱく質、 　　　　　　　　　　　　　　　　　　脂質 ・副菜（野菜、海藻）→ビタミン、ミネラル ・果物→ビタミン、ミネラル ・牛乳・乳製品→たんぱく質、ミネラル	*PP⑨ （基本的な食事のかたち）

		さらにこれらの栄養素には、大きく3つの働きがあります。 　1) エネルギー源になる。 　2) 身体づくり（筋肉や骨）の材料になる。 　3) エネルギーをつくる手助けをしたり、体調をととのえる。 競技をする上では、どれも欠かせない働きです。 特別な身体づくりの目的などがあればより細かい調整も必要ですが、まずはこの5つの料理カテゴリーを揃えると、食品や栄養素の詳しい知識がなくても、必要な栄養素をだいたい揃えることができます。	
	■自分の昨日の夕食と今朝の朝食を5つの料理カテゴリーに分け、評価する。	【指示】 基本的な5つの料理カテゴリーについてお話ししましたが、あらためてワークシートに記入したご自身の食事を見てください。ワークシートの　3　で昨日の夕食と今朝の朝食を5つの料理区分に分類し、揃っているものに○をつけてください。	＊ワークシート（資料1） ◎机間指導を行う。特に朝食はあまり揃っていない選手が多いと思うので、揃っている選手がいれば本人の了解を得て、工夫を紹介してもらう。
	■主食の重要性について聞く。	【説明】 ここで特に、主食について確認しましょう。主食に多い炭水化物（糖質）は、運動時の主なエネルギー源となるため競技選手にとっては重要です。身体づくりのためにたんぱく質が大切という知識を持っている方は多いのですが、意外と主食の摂取量が少ない方がいます。 炭水化物（糖質）が不足すると、筋肉づくりのために必要なたんぱく質がエネルギー源として利用されてしまいます。	＊PP⑩ （主食とは） ＊PP⑪ （糖質のたんぱく質節約効果）
	■自分の1回分のご飯量を推定する。 ■自分の1回分のご飯量を実測する。	【指示】 ワークシートの　4　をご覧ください。 皆さんは、1回の食事に、ご飯を何g食べていると思うか、推定値をワークシートに記入してください。 ここに1g単位ではかることのできるスケール（秤）を用意しました。（使い方を説明する）ではどなたか実際にいつも食べている量をよそっていただき、測ってみてください。 （想定される学習者の反応） ・実践者の推定と実測の値は同じである場合と異なる場合がある ・他の学習者は興味をもって注視する	＊ワークシート（資料1） ◎なかなか書けない選手がいたら、ヒントを出す。（コンビニのおにぎり1個は約100g等） ＊デジタルスケール ＊炊いた飯、大きさの異なる茶わん2種、しゃもじ ◎学習者の中から実践者を募る。挙手が無い場合は指名する。

		【説明】	
		このスケールをマネージャーに預けますので、夕方の練習後に学食で夕食を摂る時、自分のご飯の量をはかり、ワークシートの「実測」の箇所に記入して、確認してみてください。	
	■1回分のご飯の目安量を聞く。	【説明】	＊ご飯のフードモデル（250・300・350・400 g）
		皆さんの体重、身体組成、身体活動量からすると、1食当たりで男子選手は350〜400 g、女子選手は250〜300 g程度のご飯が必要です。	
		ただし、この量はあくまでも推定値ですので、現在の食事量、体重、コンディション、期分けを考慮し、自分に最適な量を探してください。	
	■5つの料理カテゴリーに近づける方法を考える。	【発問】	＊PP⑫（基本的食事のかたちを目指して）
		ご自身の食事を振り返ってみて、毎食5つのカテゴリーを揃えるのは難しいと感じた方もいるかもしれませんが、なるべく近づけるように意識をしてほしいと思います。	
		では、例えば、昼食に学食で親子丼を食べると、主食と主菜しか揃いません。この時は、どのような工夫ができそうですか？	
		（想定される学習者の反応）	
		・学食に小鉢の副菜があれば、追加する。 ・コンビニや自販機で野菜ジュースや100％果汁飲料、ヨーグルトドリンクなどを購入する。 ・補食や夕食で果物と乳製品を摂取する。	
		【説明】	
		よい方法ですね。おそらく市販のサプリメントを買うよりは安く済み、おいしいと思います。	
	■菓子、清涼飲料水の摂取について振り返る。	【発問】	◎手をあげにくそうであれば、管理栄養士自身もお菓子や清涼飲料水を摂ることがあると伝えるなど、挙手しやすい雰囲気をつくる。
		最後に触れておきたいのは、お菓子や清涼飲料水（100％野菜・果汁ジュースを除く）についてです。みなさん、お菓子や炭酸飲料などは、毎日、食べたり飲んだりしますか？	
		（想定される学習者の反応）	
		・きまり悪そうに選手同士の様子をうかがいながらも、数名手をあげる。	

		【説明】	
	■菓子、清涼飲料水との付き合い方を聞く。	お菓子や清涼飲料水の多くは、砂糖や油脂が多く含まれています。 でも… ・たんぱく質、ビタミン、ミネラルは少ない。 ・食事前に食べると、食事量の低下につながり、食事で摂取すべき栄養素を摂取できない。 ・体脂肪がたまりやすい。 など、コンディション維持を困難にし、競技者である皆さんにとっては不都合なことも起こります。 でも… お菓子や甘い飲み物はおいしいですし、リラックスしたり、スッキリしたりします。このような効果は、大切だと思いますので、菓子や清涼飲料水を食べたり飲んだりしてはいけないというわけではありません。食べる場合はエネルギーを確認し、摂取量や頻度を工夫できるといいですね。	＊PP⑬ （菓子、嗜好飲料との付き合い方） ◎菓子摂取の成功例を示して、選手の自己効力感を高める。 ＊菓子、清涼飲料水のエネルギー量一覧
まとめ 10分	■本日の学習内容を振り返る。 ■自分の食事や栄養について振り返り、行動目標を決め、記入する。 ■インカレまでのコンディションチェックと体重測定の方法を聞く。	【発問】 では、まとめに移ります。 本日の講習会で印象に残ったことは、どんなことでしょうか？ （想定される学習者の反応） ・毎日のコンディションチェック（体重測定）で自分の状態を確認することが、競技力向上への第一歩である。 【指示】 それでは最後に、ワークシートをご覧ください。 　5　自分の食事や栄養について考えたこと、やってみようと思ったことを記入してください 【指示】 このワークシートは、お持ち帰りいただきます。1週間後にマネージャーの方に回収していただきますので、それまでに夕食でご飯の重さをはかって記入してください。 今 5 に書ききれない場合は、回収までに記入していただければ結構ですので、慌てなくても大丈夫です。	◎選手からあがらなかった内容については、PPを用いて、まとめをする。 ＊PP⑭ （まとめ） ＊ワークシート（資料1） ☆2-1）2-2）2-3）の評価 ◎ワークシートをのぞきよい例があれば声かけし、他選手に伝える。 ◎記入の様子や残り時間をみながら、次の指示を出す。

	■今後行うことを聞く。	**【指示】**	＊コンディションチェックシート（資料2）
		もう一枚のワークシートをご覧ください。コンディションのチェックシートです。毎日のコンディションを、5段階で自己評価してください。毎日の体重も記入して、自分のベスト体重をみつけるきっかけとしてください。	
	■インカレまでの行動意欲を高める。	「行動目標」の欄には、5で書いた「やってみようと思ったこと」ができたら☑をつけてください。一番右はその日気づいたことなど、自由に書いてください。	
		1か月後、マネージャーに新しいシートを配布していただき、記入済みのシートは回収します。さらに、1か月後に、簡単な質問紙調査と食事調査を実施させていただきたいと思います。内容を確認したら、コメントをつけてお返しします。	☆2-4）の評価 ☆3-1）3-2）3-3）の評価（事後） ◎選手の自己効力感を高めるため、 ・毎日の取り組みは決して多くないことを強調する。 ・実施期間を伝える。 ・選手が互いに励ましあって継続できるような声掛けをする。
		今後4か月間、インカレまで私も選手の皆さんと同じ気持ちで頑張りますので、みんなで頑張りましょう。 最初は大変と思うかもしれませんが、1日1行のチェックですので、よろしくお願いします。	
		【終了の挨拶】	◎対象者全員に共通する競技上の目標に触れて選手の信頼を得られるような言葉を選ぶ。
		インカレまであと〇〇〇日。身体づくりやコンディション管理には十分間にあいます。 私も皆様のお力になりたいと思っています。連絡先はお配りしたチェックシートに書いてありますので、なんでも聞いてください。 本日はありがとうございました。	

〇〇〇〇/〇〇/〇〇

栄養講習会　ワークシート
競技者の食事の基本

氏名 ＿＿＿＿＿＿＿＿＿＿＿＿

1　昨日の夕食と、今日の朝食で食べたものを書いてください。

昨日の夕食	今日の朝食

2　① 講習会中の質問に解答してください。　　　1 ・ 2 ・ 3
　　② 講習会中の質問に解答してください。　　（　　　　　　　　　）
　　③ 講習会中の質問に解答してください。　　（　　　　　　　　　）

3　1　の食事の各料理について、あてはまる料理カテゴリに〇を付けてください。

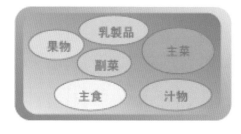 

4　あなたは…？

　　　推定　　➡　　　　g

　　　実測　　➡　　　　g

5　本日の講習会を聞き、自分の食事や栄養について考えたこと、やってみようと
　　思ったことを記入してください。

管理栄養士　〇〇　〇〇

資料2

N大学水泳部
コンディション　チェックシート　　氏名 _____

月日	コンディション 悪 ↔ 良	体重（kg）	行動目標 実施したら☑	メモ欄
5/5	1・2・3・4・5		□	
5/6	1・2・3・4・5		□	
5/7	1・2・3・4・5		□	
5/8	1・2・3・4・5		□	
5/9	1・2・3・4・5		□	
5/10	1・2・3・4・5		□	
5/11	1・2・3・4・5		□	
5/12	1・2・3・4・5		□	
5/13	1・2・3・4・5		□	
5/14	1・2・3・4・5		□	
5/15	1・2・3・4・5		□	
5/16	1・2・3・4・5		□	
5/17	1・2・3・4・5		□	
5/18	1・2・3・4・5		□	
5/19	1・2・3・4・5		□	
5/20	1・2・3・4・5		□	
5/21	1・2・3・4・5		□	
5/22	1・2・3・4・5		□	
5/23	1・2・3・4・5		□	
5/24	1・2・3・4・5		□	
5/25	1・2・3・4・5		□	
5/26	1・2・3・4・5		□	
5/27	1・2・3・4・5		□	
5/28	1・2・3・4・5		□	
5/29	1・2・3・4・5		□	
5/30	1・2・3・4・5		□	
5/31	1・2・3・4・5		□	

連絡先：○○○○　E-mail _____

Chapter 6

成人（一次予防）を対象
とした指導

「健康づくりセミナー
における食生活講座」

6-1 概　要

- **対 象 者**：A事業所（製造業）従業員
  - 25〜59歳　メタボリックシンドローム予備軍35名（男性32名、女性3名）
    - ※すでに服薬中の従業員は対象より除く
- **実施科目**：食生活講座
- **主　　催**：A事業所総務課　　**担当**：健康づくり事業団　管理栄養士
- **講座の流れ**：隔週金曜日就業時間後　18：00〜19：30（90分間）

講座No	講　座　名	担　　当	内　　容
No. 1	開講式・PWV検査「今の自分の体を知ろう」	保健師 健康運動指導士	生活習慣病について PWV検査・身体計測・身体活動問診確認
No. 2	個別指導「健康づくりプランを立てよう」	保健師 管理栄養士	健康づくりプランの作成 食事調査の問診確認
No. 3	食生活講座「カードバイキングで学ぼう」	管理栄養士	カードバイキング
No. 4	運動講座「動ける身体をつくろう」	健康運動指導士	健康づくりのための運動について（講話・実技）
No. 5	個別保健・栄養指導「これからの生活・食事を考えよう」	保健師 管理栄養士	健康づくりプランについての中間支援、食事調査結果の返却と栄養指導
No. 6	閉講式「未来の健康をつくるために」	保健師	グループ別座談会、終了時食事調査回収

6-2 栄養アセスメント

身体計測	・メタボ判定で体重（BMI）のみ基準値以上が5名 ・参加者全体の平均BMI　25.3 kg/m²		
臨床検査	・LDLコレステロール値高値者60%以上 ・30〜40歳代にPWV検査での血管硬化者もいる ・血圧高値者は50歳代以上に多い ・尿中ナトリウム量は平均13.5 g/日		
栄養・食生活	食事摂取状況	・野菜（淡色および緑黄色野菜）の摂取量および頻度が少ない ・食物繊維摂取量が少ない ・揚げ物・炒め物を食べる機会が多く、油脂類の摂取量が多い ・脂質エネルギー比率30%以上者20名（57%） ・飽和脂肪酸エネルギー比率7%以上者7名（20%）	
	食知識 食態度 食スキル等	・減量を目標としている対象者が多い ・主菜の摂取が多く、ご飯（主食）を食べない傾向が見受けられる ・前向きに取り組む姿勢の参加者が多い	
	食環境	・男性単身者の割合が60%以上のため外食・中食が多く、朝食欠食者も多い	

※PWV：脈波伝播速度、ABI：足関節血圧と上腕血圧比（動脈硬化度をみる）

6-3 課題の抽出と優先課題

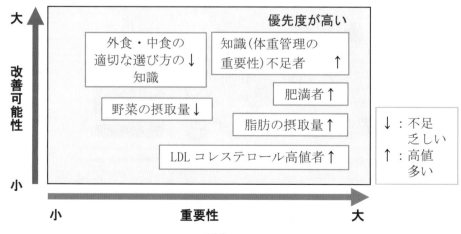

6-4 全体計画

目　標	評価指標	《評価方法》
1【実施目標】　実施に関する目標		
個別の栄養指導2回（スタート時と終了時）と 食生活講座を1回実施する	1）実施回数	《実施記録》
2【学習目標】　知識の習得、態度の変容、スキル形成に向けての目標		
（知　識）・メタボリックシンドロームを予防する 　　　　　ため体重管理の重要性について理解する （態　度）・脂質の種類と摂取量、野菜の摂取量に 　　　　　気をつけようと思う 　　　　　・体重管理をしようとする （スキル）・自分のエネルギー量に見合うバランス食 　　　　　を選ぶことができる	2-1）体重管理の重要性の 　　　理解 2-2）食事の量と内容に気を 　　　つけようとする意欲 2-3）体重を減らそうとする 　　　意欲 2-4）エネルギーに見合った 　　　食事をバランスよく選 　　　ぶ技術	《ワークシート》 《ワークシート》 《ワークシート》 《カードバイキング 　　　　　　計算シート》 《ワークシート》
3【行動目標】　行動形成または修正し、行動変容に発展させる目標		
・自分のエネルギー量に見合った食事をする人を 　75％にする ・毎食、野菜料理を摂取する人を50％にする ・脂質量の少ない食品や料理を選ぶ人を75％にする ・外食・中食で、バランスよい組み合わせの料理を 　選ぶ人を60％にする	3-1）エネルギー量の変化 3-2）野菜摂取量の変化 3-3）脂質摂取量の変化 3-4）外食・中食の選択意識	 《終了時食事調査》 《終了時食事調査》 《終了時食事調査》 《ワークシート》
4【環境目標】　食環境づくりに関する目標　（栄養情報の提供、減塩食の提供等）		
・セミナー通信を月1回発行・配布する ・社員食堂でポスターを掲示する	4-1）通信 4-2）ポスターの掲示	《通信発行記録》 《掲示の有無》
5【結果目標】　学習プログラムの最終的な目標　（QOL、身体状況、生化学データ等）		
・体重や体脂肪率が基準値に入る人を70％にする ・LDLコレステロール値が基準値に入る人を50％に 　する	5-1）体重、体脂肪率 5-2）LDLコレステロール値	《次年度健康診査》 《次年度健康診査》

6-5 カリキュラム
（食生活に関する講座の学習点）

講座	学習内容（学習の主題）	学習形態	目標番号	評価指標	スタッフ
1回目 （講座 No. 2）	**個別指導** ・目標とする体重の設定 ・食生活状況の把握	面談	2	2-1） 2-3）	保健師 管理栄養士
2回目 （講座 No. 3）	**食生活講座** ・自分の食事の傾向を知る（エネルギー量、 　脂質量、食物繊維量等）。 ・自分の目安とするエネルギー量にあわせ、 　バランスのよい食事を考える。 ・野菜を摂取することの重要性を知る。 ・外食・中食の選び方を知る。	体験 講義	2	2-2） 2-4）	管理栄養士
3回目 （講座 No. 5）	**個別指導** 自分にあった食事にするために今後の改善 点を整理し確認する。	面談	3	3-1） 3-2） 3-3） 3-4）	管理栄養士

	学習者の活動	指導者のはたらきかけ （予想される学習者の反応）	留意点（◎）、教材（＊）、 評価（☆）
導入 10分	■参加の意欲を高める。 ■今日の講座の内容を聞く。	【講師自己紹介・アイスブレイク】 【講座の概要の説明】 前半はカードバイキングで普段の食事を再現し、今までの食事を確認します。 後半は具体的な食事のポイントについてお伝えし、これからの食事について一緒に考えていきます。	◎参加者を5人ずつ7グループに分け、机を合わせてグループごと着席。アイスブレイクを利用し講座中のリーダーを決める。
展開 70分	■これまでの講座の復習と目標体重の再確認をする。 ■カードバイキングをし、普段の食事を振り返える。 カードバイキング 選ぶ…4～5分程度 計算…5分程度 確認…2～3分程度 ■夕食のエネルギー量を計算する。	【説明】 近い将来に病気を引き寄せないための1つとして、メタボリックシンドロームの予防・改善が大切なことについては、1回目の講座でも学んでいただきました。そのためには体重の管理が重要です。 【指示】 ご自分の食事傾向を知るために実物大の料理カードの中から普段の夕食1食分を選んでください。該当する料理がない場合は、似た料理を選んでください。晩酌をする方はアルコールも選んでください。 外食や弁当を買う場合は講師に相談して下さい。選んだら自分の席に戻り、カードを並べてください。 【指示】 配布した「カードバイキング料理一覧表」を確認し、自分が選んだ夕食のエネルギー量と脂質量、食物繊維量を『計算シート』で計算してみましょう。 計算の仕方として料理カードは実物大になっているので、1皿分すべて食べる場合は一覧表の数字をそのまま使用し、半分の場合は1/2量にするなど食べる量にあわせて計算します。ご飯も重量によりエネルギー量が変わるので、フードモデルを参考に普段食べる量で計算してください。	＊よく食べる家庭料理、食事調査でよく目にした外食料理や嗜好食品を実物大に数十枚ずつ印刷して用意。 ◎該当する料理がない場合、似た料理として何を選んだらよいか教える。（写真1） ＊エネルギー量を示した書籍等 ＊「カードバイキング料理一覧表」と「計算シート」を配布 料理カードエネルギー一覧表（資料1） カードバイキング計算シート（資料2） ＊ご飯のフードモデル100g、150g、200g、250g ＊電卓・筆記用具 ◎量の調整ができない参加者の手伝いをする。

■エネルギー消費量を知り、摂取エネルギー量との収支バランスを確認する。 ■ 1食分の目安と夕食のエネルギー量を比較する。	**【指示】** 1回目の講座で行った身体活動の問診から算出した1日エネルギー消費量を皆さんにお返ししました。ご自分のエネルギー消費量と食事で摂取するエネルギー量を比べ、収支バランスを確認してください。1日のエネルギー消費量を3等分し、先ほど計算した夕食のエネルギー量と比較してみましょう。	◎身体活動の問診から算出したエネルギー消費量の結果表を配布する。
■ 1食分の中で何が高エネルギーなのか考える。	**【発問】** 選んだ1食分の計算と比較をしてみて何か気がつきましたか？ **（想定される参加者の反応）** ・目安を越えてしまった。 ・かなり多い。	◎再現した夕食1食分が一般的にみた必要エネルギー量と比べて気づいたことをメモしてもらう。 料理カードエネルギー一覧表（資料1）
■カードバイキングで気づいたことを話し合う。	**【指示】** いいところに気づきましたね。では、選んだ料理の中でどの料理のエネルギーが高かったか、リーダーを中心に話し合ってください。 **（想定されるエネルギー量の多い料理・食品）** ・油料理（揚げ物）　　・丼もの　　・麺類 ・アルコール飲料	◎アイスブレイクで決めたリーダーに話し合いを取りまとめてもらう。 ◎各テーブルを回り、話し合いの中で出ている内容を把握する（補助スタッフにも協力してもらう）。
■脂質摂取量と脂質エネルギー比率を計算し、確認する。	**【指示】** 炭水化物やたんぱく質は、エネルギー源として1グラムで4kcalですが、計算式にあるように、脂質はその倍以上の9kcalにもなるのです。 皆さんが選んだ食事の"脂質からのエネルギーの割合はどの位か"確認してみましょう。 資料に脂質量を書き込んで計算してください。	◎「カードバイキング料理一覧表」と「計算シート」を確認するよう促す。計算が間違っていないか確認し、手間取っている参加者の手助けをする。
■脂質エネルギー比率が高くなってしまう理由について考える。	**【発問】** 皆さんの選んだ1食分の脂質からのエネルギーの割合はどの位だったでしょう？ 脂質は揚げ物などに含まれる油だけではなく、肉などの摂取とも関連します。脂質から摂取するエネルギーは男女とも全体のエネルギーの20〜30%が目安になります。30%を超えている人は、どうして高くなってしまったか考えてみてください。 **（想定される参加者の反応）** ・フライを選んだから。 ・肉を使った料理が多くなっている。	◎推定エネルギー必要量の一覧より、各目安エネルギー量に対して脂質エネルギー比が、30%を超える脂質量を換算しておく。

	■飽和脂肪酸と多価不飽和脂肪酸について知る。	**【説明】** 脂肪エネルギーの割合が高くなってしまう食事についてわかっていただけたようですね。ここまで一括りに『脂質』の量を考えてきましたが、脂質は含まれる『脂肪酸』の種類によって体の中での働きが違っています。 『脂肪酸』には大きく分けて「飽和脂肪酸」と「不飽和脂肪酸」の2種類があり、構造が違っています。「不飽和脂肪酸」の中でも、こちらの模型のように、二重結合とよばれる部分が2個以上あると「多価不飽和脂肪酸」とよばれます。ちょっと覚えておいてください。	◎模型を使って飽和脂肪酸と多価不飽和脂肪酸について説明する。 ＊脂肪酸の分子･構造の模型
	■自分の食事調査結果から、脂質量と飽和脂肪酸量を確認する。	**【指示】** 講座の最初に実施した食事調査から、各自の脂質摂取量と、飽和脂肪酸摂取量を把握してきました。その数値をお配りしますので、自分の飽和脂肪酸摂取量をみてください。 飽和脂肪酸は1日の総エネルギー量の7％以下が目標ですが、皆さんの割合はどれくらいか確認してください。	◎脂質量・飽和脂肪酸量の記入票を補助スタッフとともに配布する。
	■飽和脂肪酸と多価不飽和脂肪酸についての説明を聞く。	**【説明】** 「飽和脂肪酸」は、血中のLDLコレステロール値を増やしますが、LDLコレステロールが高い状態は動脈硬化の要因となります。バターや乳製品などに多く、牛脂や豚脂にも多いので、肉の摂取量も影響します。 「多価不飽和脂肪酸」の中には、LDLコレステロール値を下げる働きをするものがあり、ごま油やひまわり油、しそ油など植物油や青背の魚に多く含まれます。 脂質の摂り過ぎと同時に、油脂の「質」、特に、飽和脂肪酸の摂取量が多くなり過ぎないように気をつけましょう。	＊「栄養素摂取と脂質異常症との関連」に関する資料を配布する。（資料3） ＊「飽和脂肪酸」および「多価不飽和脂肪酸」を多く含む油脂をまとめた一覧表を大きく印刷し、ホワイトボードに貼って説明する。
	■飽和脂肪酸の摂取量が7％以上であった場合はその理由について考える。	**【発問】** 自分の飽和脂肪酸量が7％以上になっている人は、その理由についてどのようなことが考えられますか？ **（想定される参加者の反応）** ・こってりした肉料理が好きだから。 ・コクのある牛乳が好きで、よく飲む。	

		【説明】	
■飽和脂肪酸摂取量を減らすための食事について知る。		よいところに気づいていただきました。 こってり系の肉料理に偏りがちの人は、メインのおかずとして魚料理や大豆・大豆製品を使ったものも取り入れてみましょう。 例えば、ハンバーグ定食を焼き魚定食にする日があるとよいと思います。また、乳製品でも低脂肪のものを選ぶなどの工夫ができます。	＊ハンバーグ定食と焼き魚定食の飽和脂肪酸量を示したカード
		【発問】	
■脂質からのエネルギーが多くなってしまう理由について考える。		では、今、考えていただいたことも含めて、日常の食事で皆さん自身が把握しやすい脂質摂取量に戻って考えていきましょう。 脂質からのエネルギーが多くなってしまう理由としてどんなことが考えられますか？	◎各テーブルを回り、話し合いの中で出ている内容を把握する（補助スタッフにも協力してもらう）。
		（想定される参加者の反応） ・夕食に惣菜で揚げ物を買って食べる。 ・インスタント食品を選ぶことが多い。 ・お酒を飲むとご飯は食べずおかずだけになる。	◎リーダーに話し合いを取りまとめてもらう。 ◎各テーブルを回り、話し合いの中で出ている内容を把握する（補助スタッフにも協力してもらう）。
		【発問】	
■外食を選ぶ際、脂質量を少なくするための方法を考え、発表する。		外食などを選ぶ際に、脂質を摂り過ぎないようにする方法としてどのようなことが考えられるでしょう。 グループで意見を出し合って考えてみてください。まとまったら、発表してください。	
		（想定される参加者の意見） ・揚げ物・炒め物が重ならないようにする。 ・肉料理だけでなく、野菜料理を多めにする。	
		【説明】	
■これまでの食事のバランスを確認する。		皆さんは、血中LDLコレステロール値のことも気になっていると思いますが、LDLコレステロールを下げるために、食物繊維の多い食品を増やすことが勧められています。 そのためには精製度の低い主食材料を用いるなどの方法もありますが、野菜を中心とした副菜をきちんと組み合わせることもたいへん重要です。 野菜はビタミンやミネラル源として重要であるのはもちろんですが、食物繊維源でもあるからです。	＊資料3 ◎資料を確認してもらいながら説明する。

■食物繊維の摂取目標量を知る。	【指示】 1日に摂りたい食物繊維の目標量は、成人男性は21ｇ、成人女性は18ｇです。エネルギーと同様に1食分を計算すると、成人男性は7.0ｇ、成人女性6.0ｇです。 1食分の目標量とカードバイキングで計算した食物繊維の合計量を比べてみましょう。		＊再度参加者自身の計算シートをみてもらう。 ◎計算シートにはバイキングで使用した料理カードのすべての食物繊維量も記載されているため、どの料理に多く含まれているかもみてもらう。 ＊カードバイキング計算シート（資料2）
	【発問】 ところで、皆さんは1日の野菜摂取の目標量はご存知ですか？		
	（想定される参加者の反応） ・200ｇくらい？ ・350ｇって聞いたことがある。		
■普段の野菜摂取量を考える。	【説明】 よくご存じですね。 野菜の摂取目標量は1日350ｇ以上といわれています。料理で示すと、この位の量になります。		＊野菜350ｇ分の料理のフードモデルを提示。 ◎サラダ・煮物・炒め物などいろいろな料理方法のもので350ｇ分を揃える。
■食事バランスの重要性についての説明を聞く。	【説明】 先ほどは、脂質の摂り方について考えるなかで、おかずの数や種類、そして、その調理方法が大事であることについて考えていただきました。また、ここでは野菜摂取が重要であることもわかっていただけたと思います。 日々の食事では、1食のなかで"主食・主菜・副菜"を揃えて食べることが大切です。1食としてこの食事の形を整えることで、脂質摂取量もある程度コントロールすることができます。		
■自分にあった食事に調整する。	【指示】 では先ほど再現した1食分をバランスに気をつけながら、必要エネルギーに近づけることを目指して調整してみましょう。食事のなかから外す料理、入れ替える料理などを考えテーブルの上に揃えてみましょう。		◎悩んでいる参加者がいたら相談にのり、助言する。 ◎調整後の料理も計算シートにメモしてもらう。
	【指示】 先ほど選んだ料理カードの裏に主食は黄色、主菜は赤、副菜は緑のシールを貼っています。皆さんの再現した1食は"主食・主菜・副菜が揃っているか"シールの色と数で確認してください。揃っていない人は何を加えればよいかを考えてみましょう。		＊資料等にメモや記録する部分を用意する。 ◎主食・主菜・副菜について詳しく説明する。 ◎1日3食料理を揃えることを意識して、規則正しく食べることの大切さを説明する。

まとめ 10分	■食生活講座の学習を振り返る。	【指示】 カードバイキングを通して、ご自分の食事について考えてきました。まとめとして、この講座の中で気がついたこと、これから食事で心がけたいことなどをいくつでもよいので「まとめのシート」に書き出してみましょう。	＊ワークシート(資料4) ・摂取エネルギー量について ・食物繊維量について ・嗜好食品について ・食事バランスについて
		【説明】 皆さんが今日どんなことに気づいてこれから何を実行しようとしているかを踏まえて、次々回に個別指導を行います。まとめシートと、カードバイキングの計算シートを回収してコピーさせて頂きます。その間、ご質問があればお願いします。	◎スタッフに回収してもらいコピーし、コピー後、返却する。 ◎講座内容の要点を再度伝えて講話をまとめ、質問がないか確認する。 ◎質問が出ない場合は、グループワークで出た意見や疑問のなかから、講座内で詳しく話ができていないことについて説明する。
	■次回の予定を確認する。	【説明】 次回は運動講座になります。実際に体を動かしますので、動きやすい服装で水分を用意して、お集まりください。お疲れ様でした。	◎次回講座担当と事前に周知内容を確認しておく。

〈使用資料〉

写真1

カードバイキングで料理カードを選んでいるところ

←ビール 350 mL 3缶
　＋（コンビニ）生野菜サラダ
　エネルギー　450 kcal
　脂質 4.1 g　食物繊維 1.2 g

※ 料理区分を○主食 ○主菜 ○副菜 で囲んで示した。

↑スパゲッティー（1人前）＋ごはん 200 g
　＋ピザ 1/12 枚（1 ピース）
　エネルギー　1,135 kcal
　脂質 36.7 g　食物繊維 6.5 g

ちょっと演習

料理カード エネルギー一覧表

普段の食事で
- 主食 のグループから 1つ が揃っていますか？
- 副食
  - 主菜 のグループから 1つ
  - 副菜 のグループから 1～2つ
  - もう1品 のグループから 0～1つ

副菜（緑）

	エネルギー(kcal)	脂質量(g)	食物繊維量(g)
□ ほうれん草おひたし ⇒	20	0.3	2.2
□ かぼちゃ煮つけ ⇒	130	0.3	3.5
□ 野菜炒め ⇒	140	10.4	3.8
□ れんこんきんぴら ⇒	100	4.9	1.2
□ ひじき煮つけ ⇒	100	4.7	5.8
□ ポテトサラダ ⇒	170	12.3	1.1
□ なす油いため ⇒	120	6.7	2.8
□ 切干煮つけ ⇒	90	1.8	3.5
□ 生野菜サラダ ⇒	60	4.1	1.2
□ 酢の物 ⇒	71	0.4	0.9

主菜（赤）

	エネルギー(kcal)	脂質量(g)	食物繊維量(g)
□ さんま塩焼(1匹) ⇒	210	16.5	0.3
□ 鯖みそ煮小1切 ⇒	280	14.4	1.2
□ さしみ1人前 ⇒	70	0.9	0.5
□ 天ぷら1人前 ⇒	500	26.2	2.9
□ 豚肉しょうが焼き ⇒	300	19.5	1.1
□ 肉野菜いため ⇒	190	11.0	2.4
□ 肉じゃが ⇒	150	2.8	1.8
□ から揚げ ⇒	300	19.2	0.5
□ 納豆 ⇒	100	5.0	3.5
□ 冷奴 ⇒	90	4.5	0.6
□ 揚げ出し豆腐 ⇒	260	15.4	1.4
□ ハムエッグ ⇒	150	11.9	0.0
□ オムレツ ⇒	220	15.5	0.3
□ ゆで卵 ⇒	70	5.2	0.0

主食（黄）

	エネルギー(kcal)	脂質量(g)	食物繊維量(g)
□ ごはん200g ⇒	310	0.6	3.0
□ ざるそば ⇒	390	2.3	4.3
□ 食パン2枚 ⇒	300	5.0	5.0
□ スパゲティミートソース ⇒	650	27.4	4.9

もう1品

	エネルギー(kcal)	脂質量(g)	食物繊維量(g)
□ みそ汁 ⇒	50	2.0	1.0
□ 野菜スープ ⇒	50	2.7	1.6
□ コーンスープ ⇒	220	13.3	1.5
□ 即席漬け ⇒	20	0.1	1.2
□ ビール350ml ⇒	140	-	0.0
□ 日本酒1合 ⇒	190	0.0	0.0
□ 焼酎0.5合 ⇒	180	0.0	0.0
□ 牛乳200ml ⇒	120	7.6	0.0
□ オレンジジュース ⇒	90	0.2	0.4
□ アイスクリーム ⇒	110	7.2	0.0
□ ようかん ⇒	150	0.1	0.0
□ まんじゅう ⇒	160	0.7	1.7
□ 柿の種 ⇒	150	4.5	
□ りんご0.5個 ⇒	90	0.2	2.8
□ バナナ1本 ⇒	90	0.2	1.1
□ みかん1個 ⇒	40	0.1	0.8

一食に主食・主菜・副菜を揃えましょう。

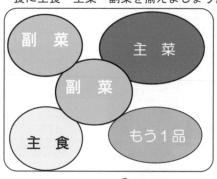

最近は、加工食品・外食（レストラン）などでもエネルギーなど栄養価が表示されるようになってきています。

自分の推定エネルギー必要量の一食分の目安と比較してみましょう。

公益財団法人 長野県健康づくり事業団

資料 2.

「健康セミナー」

カードバイキング　　計算シート

| 氏名 |

1 カードバイキングで選んだ料理の情報を下の表に書き出して、食事の確認を
してみましょう。

料理・食品・飲み物名	数（量）	エネルギー量	脂質	食物繊維	バランス			
		料理カードの裏を見てを記入しましょう			どの料理区分に当てはまるか該当する欄に〇を記入しましょう			
					主食	主菜	副菜	もう一品
1								
2								
3								
4								
5								
6								
7								
8								
9								
10								
合計		kcal	B g	g	個	個	個	個

2　① あなたの一食分の目安
　　　と比べてみましょう

| A kcal |　| g |

② 脂質エネルギーの割合を確認しましょう

選んだ一食分
の脂質量　　　　脂質1g当たり　　　　選んだ一食分の
　　　　　　　　のエネルギー量　　　　脂質エネルギー量

$$\boxed{\text{B} \quad \text{g}} \times 9 \text{ kcal} = \boxed{\text{C} \quad \text{kcal}}$$

選んだ一食分の
脂質エネルギー量　　　　一食分の目安エ
　　　　　　　　　　　　ネルギー量　　　　脂質エネルギー比

$$\boxed{\text{C} \quad \text{kcal}} \div \boxed{\text{A} \quad \text{kcal}} \times 100 = \boxed{\quad} \%$$

※「日本人の食事摂取基準2015年版」より

脂質：脂肪エネルギー比率（％エネルギー）

男性・女性共に18〜69歳及び70歳以上の目標量　20〜30（中央値25）

公益財団法人
長野県健康づくり事業団

LDLコレステロール値と栄養素摂取との関連について知ろう！

栄養素摂取と脂質異常症との関連（特に重要なもの）

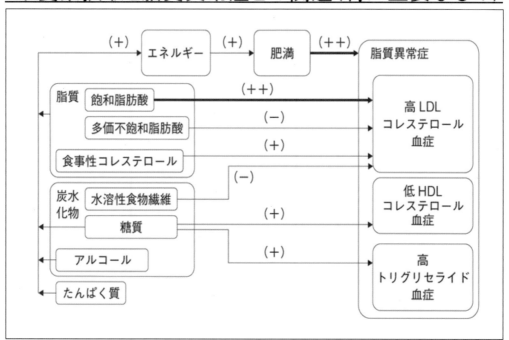

「日本人の食事摂取基準（2020 年版）」より

血液中の LDL コレステロール値を下げるための食事
一般社団法人日本動脈硬化学会「コレステロール摂取に関する Q&A」より

♢　食物繊維の多い食品（玄米、七分づき米、麦飯、雑穀、納豆、
　野菜、海藻、きのこ、こんにゃく）を増やしましょう。

♢　n-3 系多価不飽和脂肪酸の多い青背の魚や、n-6 系多価不飽和脂
　肪酸の多い大豆を増やしましょう。

♢　飽和脂肪酸（脂身のついた肉、ひき肉、鶏肉の皮、バター、ラー
　ド、やし油、生クリーム、洋菓子）や、工業的に作られたトランス
　脂肪酸の多い食品（マーガリン、洋菓子、スナック菓子、揚げ菓
　子）は控えましょう。

♢　コレステロールの多い食品（動物性のレバー、臓物類、卵類）は
　控えましょう。

♢　基本的には、日本食（魚、大豆、野菜、未精製穀類、海藻を十分
　に、乳、果物、卵を適量に、肉の脂身、バター、砂糖・果糖を控え
　る。ただし減塩で食べる）を意識しましょう。

健康セミナー

ワークシート

氏名

◎あなたの推定エネルギー必要量は？　一日分 [ ] kcal ⇨÷3 一食分 [ ] kcal

1、カードバイキングをしてみて気がついたこと
"料理の選び方" "料理や食品のエネルギー量について"

○あなたが気づいたこと	○グループワークで気づいたこと

2、脂質（脂肪酸）の摂り方について

●普段の食事で気になること	●これからの食事で気をつけたいこと

3、カードバイキングで選んだ一食をバランスに気をつけながら必要エネルギーに近づけるにはどうしたら
よいでしょうか？

まとめシート

これからの食生活で実践しようと思うこと、気をつけてみようと思うことを書き出してみましょう

公益財団法人
長野県健康づくり事業団

Chapter 7

勤労男性を対象とした指導
「居酒屋教室」

7-1 概　要

- ❈ **対 象 者** : 勤労男性 20 人前後　（年齢 40〜55 歳）
- ❈ **担 当 者** : 担当者 ： 健康増進施設管理栄養士、事業所の産業保健スタッフとの連携
- ❈ **主　　催** : 健康増進施設および事業所との連携

7-2 栄養アセスメント

臨床診査	・家族歴：がん 40%（8 人）、脳卒中 50%（10 名） ・朝起きた時に、疲れが残っている 60%（12 名）	
身体計測	BMI 平均値±標準偏差：24.5±2.5 kg/m²	
臨床検査	・いずれも経過観察中、次回の健診で様子をみる 　血圧高値　60%（12 名）、LDL コレステロール高値 50%（10 名） 　中性脂肪高値 70%（14 名）	
栄養・食生活	エネルギー 栄養素摂取状況	食事調査より（20 人の分布範囲） ・脂肪エネルギー比：25〜32% ・炭水化物エネルギー比：50〜57% ・食物繊維：11〜17 g/日 ・カリウム：1800〜2200 mg/日 ・食塩相当量：9〜12 g/日
	食事摂取状況	・一食の副菜摂取量が少ない（70%） ・昼食は単品（ラーメン、うどん、丼ものなど）摂取（60%） ・夕食は、飲酒し主食を食べない（50%） ・毎日 2 合以上飲酒する（80%）、飲み会の回数は月 2〜3 回
	食知識、食スキル 食態度、食行動	・「生活習慣病のリスクを高める飲酒量」を認識している者（20%） ・飲酒や食事について今すぐ変えたいと思っている者（40%）
	食環境	昼食の主な入手は、社員食堂が約 70%
その他	がんや脳卒中の家族歴があるので、健診結果は気にしている（80%）	

7-3 課題の抽出と優先課題の検討

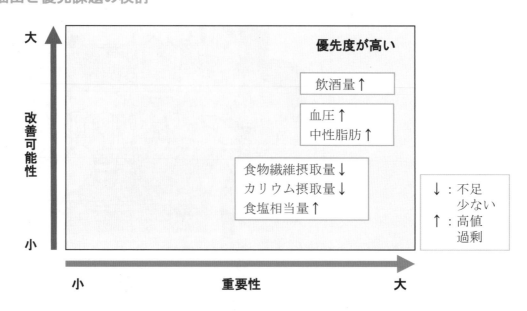

7-4 全体計画

目　　標	評価指標	《評価方法》
1【実施目標】　実施に関する目標		
教室 1 回、個別相談 1 回を行う	1）それぞれの実施回数	《実施記録》
2【学習目標】　知識の習得、態度の変容、スキル形成に向けての目標		
（知　識）・生活習慣病のリスクを高める飲酒量を把握する ・飲酒時の食事の留意点を把握する （態　度）・節酒しようと思う （スキル）・飲酒時の食事の選び方を工夫できる	2-1）生活習慣病のリスクを高める飲酒量の理解 2-2）食事の留意点の理解 2-3）節酒への意欲 2-4）食事選びの工夫	《質問紙調査 1》 《質問紙調査 1》 《質問紙調査 1》 《行動記録》
3【行動目標】　行動形成または修正し、行動変容に発展させる目標		
日々の飲酒量を現在の半量にする者を 70％にする	3）1 日の純アルコール摂取量	《飲酒日記》
4【環境目標】　食環境づくりに関する目標（栄養情報の提供等）		
お酒と健康に関する最新情報を月 1 回、社内報で発信する。	4）情報の発信回数	《社内報》
5【結果目標】　学習プログラムの最終的な目標　（QOL、身体状況、生化学データなど）		
起床時に疲れが残っている者を現在の半分にする 血圧高値者、血清脂質高値者を現在の半分にする	5）疲労度 6）血圧、LDL−コレステロール 　　中性脂肪	《質問紙調査 2》 《翌年の健診》

7-5 カリキュラム　　実施回数　3 回

回数	学習内容（学習の主題）	学習形態	目標番号	評価指標	スタッフ
1 回目	「居酒屋健康教室」 ・飲酒と生活習慣病の関係を知ろう ・飲酒時の食事を振り返ろう ・節酒目標を考えよう	講義	2	2-1) 2-2) 2-3)	・健康増進施設 　管理栄養士 　産業医 　産業保健師
2 回目 1 か月後	「フォローアップ：電話またはメール」 ・途中経過を話し合おう	個別指導	2 3	2-4) 3)	・事業所 　産業保健師
3 回目 6 か月後	「フォローアップ：個別面談」 ・行動目標の達成状況を振り返ろう ・体調を確認しよう ・今後の目標を設定し翌年の健診に 　備えよう	個別指導	2 3 5	2-4) 3) 5)	・健康増進施設 　管理栄養士 ・事業所 　産業保健師

	学習者の活動	指導者のはたらきかけ （予想される学習者の反応）	留意点（◎）、教材（＊）、評価（☆）
導入 20 分	■楽しさを感じ、参加の意欲を高める。	【スタッフ紹介】 今日は居酒屋○○にご来店いただきありがとうございます。私はこの居酒屋のおかみの○○です。こちらにいるのが、板長の○○です。まわりにいるのが当店自慢の店員ですので、何なりとお申しつけください。 【アイスブレイク】 では、早速ですが、この居酒屋の繁盛を願って乾杯をしたいと思います。手元にあるビールをおつぎください。勤務中にお酒はご法度かもしれませんので、今日はアルコールが全く入っていない特別のビールにしましたので、安心してお飲みください。 乾杯の音頭を○○さんにお願いします。 「乾杯！」	◎居酒屋の雰囲気を出すため、室内に音楽を流しておく。 ◎紹介の際は音楽を止める。 ◎店のおかみ役、店員役、板長役を、管理栄養士、看護師、産業医で役割分担する。 ＊実物のお酒や料理などをテーブルに並べ、居酒屋の臨場感をかもし出し、食べたい物を選んでもらう。 （写真 1）
	■飲みたい物やよく食べる料理、好きな料理を選ぶ。	今日は、私たちが精一杯おもてなしをさせていただきますので、飲みたい物やよく食べる料理または好きな料理を注文してください。 本日は特別サービスで、料理は通常価格から大幅に割引させていただきます。飲み物も、1 時間飲み放題となっていますので、遠慮せずにどんどんご注文ください。 注文は手元にあるお品書きに書き込んでいただくことになっています。	◎店員は、注文を迷っている参加者への対応をする。 ◎板長は、本日のお勧め料理を紹介する。 ＊料理と飲み物のお品書き
展開 30 分	■料理の合計金額を計算して、計算結果を報告する。	【指示】 ではそろそろ、注文も終わったようなので、ご自分の飲み物を持参し、こちらにお座りください。 特別サービスをさせていただく予定ですが、当店は前払い制になっているので、まずは、注文した料理の合計金額を計算して頂きたいと思います。 お品書きの最後に合計金額をお書きください。 【発問】 料理の合計金額はいくらになったでしょうか？ **（想定される学習者の反応）** ・800 円、1500 円、2000 円・・・	◎参加者の注文状況をみて、展開に移る。 ＊電卓 ◎スタッフは、様子をみて、困っている人がいれば手助けする。

	■アルコールの合計量を計算して計算結果を報告する。	次に、注文したアルコール飲料については、合計金額ではなく、純アルコール量を計算してほしいと思います。配布した資料を参考に、計算してください。 【指示】 では、純アルコールの量が、何グラムになったか挙手をお願いします。 【確認】 ・20 g 以下の人→○人 ・20～40 g の人→○人 ・40～60 g の人→○人 ・60～80 g の人→○人 ・80 g 以上の人→○人 【説明】 皆さんに、なぜこのような計算をしていただいたかについては、これからご説明いたします。	＊電卓 ◎スタッフは、様子をみて、困っている人がいれば手助けする。 ＊純アルコール計算シート（資料1） ＊換算の目安シート（資料2） ◎それぞれに挙手した人の数を数え、ホワイトボードに人数を記載する。
	■おみやげが何かを聞く。	【説明】 今日はせっかくおいでいただいたので、ただ飲んで食べるだけではつまらないと思いますので、おみやげも持ち帰っていただこうと思います。 おみやげは、"自分の健康づくりを考えるためのノウハウ"です。	
	■アルコールの飲み過ぎで起こる疾患を考え、発表する。	【発問】 早速ですが、アルコールの飲み過ぎで起こる疾患を知っているだけあげていただけますか。 （**想定される学習者の反応**） ・脳卒中？ ・脂肪肝？ ・痛風？・・・ 【説明】 皆様があげてくださった以外にも、PP で示したような疾患への影響が報告されています。 本日は、参加者の多くの方々が中性脂肪や血圧が高いことや、ご家族に脳卒中やがんになった人がいるという方々が多いようなので、まずは、これらの疾患と飲酒量との関係についての研究報告内容を説明いたします。	＊パソコン ＊パワーポイント(以下、PP と表記)PP1 (アルコールの飲み過ぎで起こる疾患) ◎PP の内容を簡単に説明する。 特に、乳び血清についてはわからない者が多いので、意味となぜこのような状況になるのかを説明する。

	■飲酒量と疾患（血圧、脳卒中、がん）との関係に関する研究結果を確認する。	【説明】 これは、信頼性の高い 15 の研究から導き出された結果です。これは飲酒量を 7 割程度減らしたら、2 週間くらいで血圧が下がったという報告です。 先ほど皆さんにお酒の飲み過ぎで起こる疾患をあげていただきました。血圧という意見はでてきませんでしたが、実は、飲酒は血圧に、大きく影響しています。 今まで私が接した方々の中にも、お酒を減らしたら血圧が下がったという方が多くいました。 PP3 は、アルコール摂取とがんの関係を示しています。これをみると、純アルコール量に比例して、がんの危険性も上がっていることがわかります。	＊PP2 （節酒が血圧に及ぼす効果）最新のデータがあればそれを使う。 ◎もし、今までに指導し、よい結果が得られた経験があるなら、実例を話すようにする。 ◎最新のデータまたは学習者に身近なデータを使用する。 ＊PP3 （アルコール摂取とがん） ◎最新のデータまたは学習者に身近なデータを使用する。
	■研究結果をみて、気づいたことを発言する。	【発問】 これらの 3 つのデータをご覧になり、何か感じたことはありますか？ **（想定される学習者の反応）** ・2 週間程度でも血圧が下がるなら、試しに、少し減らしてみたい。 ・お酒は少量なら体にいいと聞いていたが、少量で効果があるのは、脳梗塞予防だけ？ ・がんは、少量でも危険性は高まるのか？	◎気づきがなければ、左記のような気づきができるよう促す。 ◎気づきについては、どんなことでも共感し、受け入れる。
	■生活習慣病を予防するための純アルコール量を考える。	【発問】 これらの研究結果をみて、がんや脳卒中などを予防するためには、1 日の純アルコール量は何グラム程度にするのがよいと思いますか？ **（想定される学習者の反応）** ・20ｇ以下？、40ｇ以下？、60ｇ以下？ 【説明】 国では、いろいろな研究結果をもとに、生活習慣病のリスクを高める飲酒量を、1 日あたり、男性は <u>40ｇ以上</u>、女性は <u>20ｇ以上</u> と示していますので、それ以下にするのがよさそうです。	◎それぞれの量に挙手をしてもらう。 ◎女性 20ｇ以下、男性 40ｇ以下という数字をホワイトボードに大きく書く。
	■注文したお酒のアルコール量と生活習慣病のリスクを高める量を比較する。	【確認】 先ほど、皆さんが注文したお酒の純アルコール量を計算していただきましたが、その量と比べてみてください。 【説明】	◎時間があれば、比較しての感想を聞く。

	■アルコール代謝と栄養素の関係を確認する。	では、ここからは、飲酒時の食事の選び方について説明します。 PP4 は、アルコールの代謝と栄養素の関係を簡単に模式図化したものです。簡単にいうと・・。アルコールを摂取すると、アルコールを分解するための代謝が優先されるため、脂質代謝やエネルギー源になるグルコース代謝が後回しになってしまいます。さらに、アルコール代謝には、たんぱく質が必要となるため、飲食時には、飲酒量に加え、食事にも気をつける必要があります。 飲んだ時はエネルギーオーバーになるので、主食を食べないという方がいますが、お酒を飲んだ時は、一過性の低血糖になりやすいので、主食は食べ、アルコールを減らすことをお勧めします。	＊PP4 (アルコールの代謝と栄養素の関係)
	■飲酒時の食事の選び方を把握する。	飲酒時の食事選びのポイントをPP5 に示しましたので、参考にしてください。 【説明】	＊PP5 (飲酒時の食事で気をつけたいこと)
		先ほど、注文したメニューの合計金額をごらんください。実は、あれは、金額ではなく、メニューのエネルギー量です。合計金額が 900 円になった方は、900 キロカロリー程度の食事を注文したことになります。 【発問】	＊計算済みのお品書き
		お品書きを確認してほしいのですが、エネルギー量が多いのは、どのようなメニューですか? **(想定される学習者の反応)** ・カツ、天ぷら、ステーキ? 【説明】	◎エネルギー量の多いメニューを料理カードにしてホワイトボードに貼る。
		煮物、蒸し物、焼き物に比べると、揚げ物はエネルギー量が多いですが、これらを選んではダメということではありませんので、3〜4 人で 1 つにするなどをお勧めします、副菜については、お店によってはメニュー数が少ない可能性もあるので、その時は、刺身のつまの野菜(大根)は残さず食べるなど、いろいろ工夫できるといいですね。 特に飲んだ時は、満腹中枢も働きにくくなり、つい食べ過ぎてしまうようですので、要注意ですね。	

まとめ 10分	■本日の学習内容を振り返り、今後の飲酒目標と食事の改善点を検討する。	【発問】 本日は、飲酒と生活習慣病との関係、飲酒時の食事の選び方のポイントについてお話させていただきましたが、ご自分の課題はどこにありそうでしょうか？ （想定される学習者の反応） ・お酒を目安の倍以上飲んでいる。 ・お酒を飲む時に主食を減らしていた。 ・つい満腹まで食べていた・・・。	
	■今後の飲酒目標と食事の改善点を設定する。	【指示】 ではせっかくなので、できそうなことでよいので、次回、お店においでになるまでの目標を設定していただければと思います。 目標達成された方には、次回、何らかのサービスをさせていただきます。 配布する資料に目標をお書きください。	＊飲酒日記(PP6) ＊行動記録 ◎目標設定が難しそうな方には、できそうなことがないか、一緒に考える。 ◎目標達成者には、お店からのサービスがあることを強調する。
	■質問紙調査に答える。	【指示】 続きまして質問票への記入もお願いいたします。	☆質問紙調査 1 2-1)、2-2)、2-3) の評価
	■今後の予定を聞く。	【説明】 1か月後にスタッフが、メールかお電話をさせていただきたいので、後で、連絡日と連絡先をお教え願います。 皆様の来年度の健診結果が少しでも改善するよう、本日の居酒屋スタッフが、今後も協力させていただきます。	
		今日はお忙しい中、 居酒屋健康セミナーにお立ち寄りくださりありがとうございました！ 「新装開店のため、不行き届きのところも多々あったかと思いますが、板長およびおかみの顔に免じてお許しいただければと思います。 これに懲りずまたのお越しをお待ちしています。お気をつけてお帰りください。	◎スタッフ全員が参加者の前に並ぶ。 ◎全員で「ありがとうございました」と威勢よく挨拶をする。 ◎閉店の音楽を流す。

〈使用教材〉

＊（写真1）

教室の入り口

店内の様子

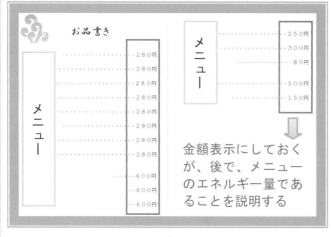

お品書き

金額表示にしておくが、後で、メニューのエネルギー量であることを説明する

板長↑　　　メニュー選びの様子

資料1　純アルコール計算シート

	種類	量ml	合計量ml	濃度	純アルコール量
	ビール：グラス1杯	300		5%	g
	：中ジョッキ	500			
	：大ジョッキ	800			
	：大瓶1本	633			
	日本酒：1合	180		15%	g
	：ちょこ1杯	30			
	焼酎：コップ1杯	150		25%	g
	ワイン：グラス1杯	120		14%	g
			合計		g

資料2　主な酒類の純アルコール量の目安

お酒の種類	アルコール度数	純アルコール量
ビール （中瓶1本 500ml）	5%	20g
清酒 （1合 180ml）	15%	22g
ウイスキー・ブランデー （ダブル 60ml）	43%	20g
焼酎（25度） （1合 180ml）	25%	36g
ワイン （1杯 120ml）	12%	12g

(PP1)

アルコールの飲み過ぎで起こる疾病

➢ 脂肪肝，肝炎，肝硬変
➢ 脂質異常症
➢ 高血圧
➢ 高尿酸血症，痛風
➢ 急性膵炎，慢性膵炎
➢ 高血糖，低血糖，糖尿病
➢ 脳萎縮，脳出血，脳梗塞
➢ がん
➢ その他

脂肪肝

乳び血清
（中性脂肪値が高くなる場合がある）

脳萎縮

(PP2)

節酒が血圧に及ぼす効果

約2.4合／日（日本酒換算）飲酒⇒0.7合／日（7割の節酒）節酒

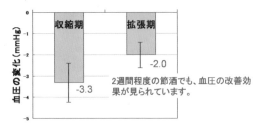

2週間程度の節酒でも、血圧の改善効果が見られています。

15のランダム化比割付比較試験のメタ・アナリシス
変化量（平均±95％信頼区間）
資料：わかりやすいEBNと栄養疫学、佐々木敏、同文書院、p169

(PP3)

アルコール摂取とがん（メタ・アナリシス）

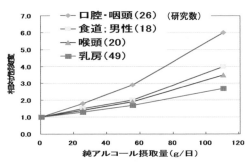

その他、アルコールとの関連性が報告されている部位
・大腸がん、胃がん、肝臓がん

資料：わかりやすいEBNと栄養疫学、佐々木敏、同文書院、p181-185

(PP4)

アルコールの代謝と栄養素の関係

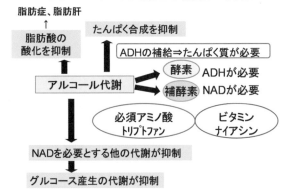

(PP5)

飲酒時の食事で気をつけたいこと

1. 主食（炭水化物）→抜かない

2. 主菜→高たんぱく、低エネルギーの魚肉、大豆等を摂取

3. 副菜→野菜、果物、海草、きのこ等を摂取
（特に、酵素・補酵素・酸化抑制に必要）

4. 高エネルギーのものは、少量か回数を制限
（揚げ物、中華、ドレッシング等）

5. 味付けの濃いものは控えめに
（塩辛いつまみは酒量を増やす）

(PP6)

飲酒日記

・自分の飲酒習慣を変えたいと思っている方は、毎日の飲酒を正直に記録していくことが手助けになります。
・自分が立てた目標を記録することで、少しずつ目標に向かっていることが確認でき、励みにもなります。

私の飲酒目標
・週2日休肝日を作る
・家では、1回の飲酒量を、日本酒2合から1合にする

（　）週目	飲んだ種類と量	飲んだ状況	目標達成
月　日（木）	日本酒1合	我慢した、自宅（一人）	○
月　日（金）	日本酒3合、ビール大瓶2本	職場の付き合い	×
月　日（土）	日本酒2合	自宅（家族）	×
月　日（日）	日本酒1合	自宅（家族）、応援あり	○
月　日（月）		休肝日	○
月　日（火）	日本酒2合、焼酎グラス1	ストレス、自宅（一人）	×

Chapter 8

成人（二次予防）を対象
とした指導

「血糖管理のための食事」

8-1 概　要

- ▨ **対象者**：2型糖尿病教育入院患者　10人前後
- ▨ **年　齢**：30～80歳（平均年齢：61歳）
- ▨ **罹病歴**：0年～33年（平均12年4か月）
- ▨ **主　催**：長岡中央綜合病院

教育入院スケジュール　例）2週間入院の場合

実施予定			主な内容
1週目	月	午後	入院初日
	火		・会食[1] ・ビデオ教室[2]
	水		・会食 ・病棟回診[3]
	木		・個別栄養指導：1回目
	金		・糖尿病教室：3回目→指導案参照 　【1、2回目は入院前に実施】 ・カンファレンス[4]
2週目	火		・会食 ・外食ツアー[5]
	水		・会食 ・病棟回診
	木		・個別栄養指導：2回目
	金		・カンファレンス

[1]「会食」
　昼食時に、スタッフ（管理栄養士、医師、看護師等）と患者が一緒に病院で提供する糖尿病食を食べる。
　会食では、患者自身が自分のご飯を計量する。

[2]「ビデオ教室」
　「糖尿病という病気について」や「治療法について」をビデオで学ぶ。看護師が同席し補足説明を行う。

[3]「病棟回診」
　スタッフ（医師、管理栄養士、看護師、薬剤師等）が患者を訪室し、患者の様子を確認したり、話しをするなどして、治療の状況を確認する。

[4]「カンファレンス」
　スタッフ（医師、管理栄養士、看護師、薬剤師等）が集まり、（各専門職種の関わりから）患者に関する状況について意見交換を行い、今後の治療方針を確認する。

[5]「外食ツアー」
　フードモデルや外食メニュー表などを用いて、外食時の食事の選び方や食べ方の工夫を学び、実際にコンビニ体験をする。

8-2 栄養アセスメント

臨床診査		・問診より血糖降下薬の内服者（約80%）、高血圧（約60%）、脂質異常症（約35%）
身体計測		BMIの平均値24.3±4.9 kg/m²→肥満傾向
臨床検査		HbA1c（NGSP値）平均8.1%→血糖コントロール不良（目標値7.0%未満）[1]
栄養・食生活	エネルギー栄養素摂取状況	・炭水化物摂取量の過剰 ・食物繊維不足（野菜、海藻など）
	食事摂取状況	・食事時刻が不規則である者が多い
	食知識、態度、スキル等	・バランスのよい食事についての知識が曖昧 ・食後高血糖を抑える食べ方を知らない者が多い
その他		・運動習慣がない者（約85%）

[1] 合併症予防のための血糖管理目標値（熊本宣言2013）

8-3 課題の抽出と優先課題の検討

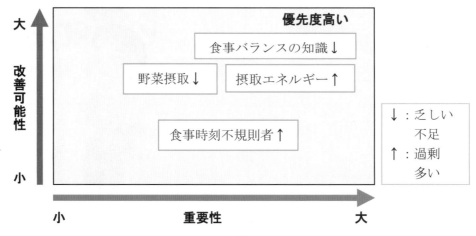

8-4 全体計画

目　標	評価指標	《評価方法》
1【実施目標】　実施に関する目標		
講義 4 回、体験 3 回、個別指導を 2 回行う	1)　それぞれの実施回数	《実施記録》
2【学習目標】　知識の習得、態度の変容、スキル形成に向けての目標		
（知　識）・主食、主菜、副菜の分類を理解する 　　　　　・食後高血糖を予防する食べ方を知る （態　度）・食後の高血糖に気をつけた食事をしようと思う	2-1)　主食、主菜、副菜 　　　分類の理解 2-2)　食後高血糖を予防 　　　する食べ方の理解 2-3)　食事療法への意欲	《質問紙調査》
（スキル）・主食、主菜、副菜をバランスよく選択する技術を身につける	2-4)　バランスのよい 　　　食事を選ぶ技術	《ご飯の計量》 《メニューの選び方》 《献立作成》 《料理カード選択》
3【行動目標】　行動形成または、修正し、行動変容に発展させる目標		
・腹八分目の食事をする人を 7 割以上にする ・毎食、主食・主菜・副菜を揃える者の割合を 　5 割以上にする	3)　行動目標の実施状況	《チェックシート》
4【結果目標】　学習プログラムの最終的な目標（QOL、身体状況、生化学データなど）		
・HbA1c7.0%未満者を 6 割以上にする ・目標とする BMI の範囲に入る者を 7 割以上 　にする	4)　HbA1c 値 　　BMI 値	《血液検査》 《身体計測》

8-5 カリキュラム

・集団栄養指導のプログラムは教育入院中の会食、糖尿病教室【3 回目】、外食ツアーで構成

			学習内容	学習形態	目標番号	評価指標	スタッフ
集団指導	糖尿病教室【1 回目】	入院前	・糖尿病と合併症について学ぼう ・糖尿病の治療について知ろう	講義	–	–	医師 看護師
	糖尿病教室【2 回目】		・糖尿病の薬について知ろう ・フットケアをしよう	講義 体験	–	–	薬剤師 看護師
	会食（週 2 回）	教育入院中	・糖尿病食を一緒に食べよう ・食事の適量を知ろう ・調理方法を知ろう	体験	–	–	医師 看護師 管理栄養士 調理師
	糖尿病教室【3 回目】		・バランスのよい食事とは何かを知ろう	講義 演習	2	2-1) 2-2) 2-3) 2-4)	管理栄養士
	外食ツアー		・外食での食事の選び方、食べ方を知ろう	講義 体験	2	2-4)	管理栄養士
個別指導	栄養食事指導【全 2 回】		入院中に集団指導とは別に個別指導を実施する （142 ページの教育入院スケジュール参照） 食品交換表の学習や調理実習、コンビニ・スーパーでの体験学習など、学習者の状況に応じて導入する。				管理栄養士

＊退院後の外来栄養食事指導時に、行動目標の実施状況、HbA1c、BMI などの検査値を確認する。

8-6 指導案　糖尿病教室【3回目】　（実施時間：90分）

	学習者の活動	指導者のはたらきかけ（予想される学習者の反応）	留意点（◎）、教材（＊）、評価（☆）
導入 10分	■参加者全員で、ラジオ体操をする。 ■本日の講義内容を聞く。 ■バランスのよい食事が血糖コントロールにつながることを確認する。	【アイスブレイク】 まずはラジオ体操でリラックスしましょう。 【指導者の自己紹介】 【本日の講義の内容説明】 1回目、2回目の教室では、「糖尿病ってどんな病気？どんな治療や薬があるの？」といったことを学んできたと思います。 でも、どんなによい薬や治療でも、基本の食事がよくないと血糖管理は乱れます。 血糖管理はバランスのよい食事を摂ることが基本であることが、いろいろな研究で証明されています。こちらのデータをご覧ください。本日は、主に「バランスのよい食事の組み合わせ」について、一緒に勉強していきたいと思います。	＊ラジオ体操ビデオ ◎事前に、講義内容のキーワードプレートをホワイトボードに貼っておく。 ◎バランス食と血糖コントロールに関するエビデンスを図表などで示す。 ◎スタッフも一緒に学ぶという姿勢を示す。
展開 60分	■入院中の食事メニューを振り返り、バランスのよい食事について考え、発表する。 ■主食の種類と主な役割ついての説明を聞く。	【発問】 早速ですが、皆さんはバランスがよい食事というと、どのような食事を思い浮かべますか。 （想定される学習者の反応） ・ごはん、魚、野菜がある食事 ・野菜が多く、肉等は少なめの食事 【説明】 「ご飯と魚や肉と野菜がある食事」は何となく、見た目にもよさそうですし、野菜を食べようということもよく聞きますね。 入院中の食事を思い返していただくと、ごはんと肉や魚が出てきた。毎食、野菜が出た等と思い返していただけると思います。 【説明】 バランスのよい食事は、1食に主食、主菜、副菜が揃っている食事です。 では、最初は「主食」について説明します。 主食に入るのは、ご飯、パン、麺です。栄養的には、身体を動かす重要なエネルギーになる“炭水化物”≒“糖質”が多く含まれているので、欠かさず食べる必要があります。 ただし、この図を見ていただくとわかるように、炭水化物は食後の血糖に一番影響します。 このような話をすると、炭水化物を食べないという方がいますが、食べないことで逆に血糖管理を悪くすることがあるので、注意が必要です。	◎発言がないこともあるので、必要に応じて出席者にあてる等コミュニケーションを取りながら進める。 ◎患者が発表した内容を拾いあげながら、本題に持っていく。 ＊栄養素が血糖に変わる速度と割合のグラフ（資料1）

		【発問】	◎覚えていない人には
	■自分のご飯量を思い出し、答える。	そのため、自分にあった主食量を知ることが大切です。ご自分のご飯量は何gでしたか。	ご飯のフードモデル（120g、150g、200g）を見せ、思い出してもらう。
		（想定される学習者の反応） ・150g？　180gだったかな。	◎食札のカードがあれば、それで確認してもらう。
		【発問】	◎答えが出ない場合はヒントを出す。
	■炭水化物の多い食べものを考え、発表する。	ところで、ご飯、パン、麺の他に、炭水化物が多く含まれている食べ物があります。どのような食べ物でしょうか。	
		（想定される学習者の反応） ・「芋」、「南瓜」等	◎答えてくれたことを称賛する。
		【説明】	
	■芋や南瓜を食べる場合の主食との調整についての説明を聞く。	そうですね。芋や南瓜は、分類上は野菜（副菜）に入りますが、炭水化物が多く、栄養的には、ご飯等の主食の仲間としてお考えいただければと思います。 既に学習された方もいると思いますが、例えば、料理に少量入っている程度なら、大丈夫ですが、このフードモデル程度のじゃがいもや南瓜を食べる際は、ご飯を少し減らして調整することをお勧めします。	◎1単位程度のポテトサラダや南瓜の煮物、ご飯等のフードモデルを見せながら説明する。
		【確認】	◎疑問点を確認しながら進める。
	■わからないことがないか考える。	主食の摂り方について、わからないことや疑問点はありませんか。	
		（想定される学習者の反応） ・とりあえずわかった。	
		【説明】	
	■主菜の種類と主な役割の説明を聞く。	次は主菜について説明します。 主菜は、肉、魚、卵、大豆製品を利用した料理です。栄養的には、身体の筋肉や血を造る"たんぱく質"の多い食品ですので、毎食、適量を食べる必要があります。	
		【発問】	◎「注意する」という言葉ではなく、あえて、「工夫」という言葉を用いる。
	■主菜を摂取する場合の工夫点を考え、発表する。	ここで質問ですが、肉や魚、卵、大豆製品といった主菜を食べる場合に、工夫したほうがよいことがあります。それは何でしょうか？	
		（想定される学習者の反応） ・脂身の少ないものを選ぶ。 ・魚や豆腐を積極的に食べる。	

		【説明】	◎糖尿病食は、制限されるというイメージがあるので、部位や量を工夫すれば、好きなものが食べられるということを知ってもらう。
	■主菜を摂取する場合の工夫点および摂取量の目安についての説明を聞く。	肉や魚は量だけでなく、脂身の有無によってエネルギー量が違います。たくさん食べたい方は脂身の少ない部分を選ぶ、逆に、脂がのった肉が食べたい方は、量を半分にするといった工夫もあります。 豆腐や納豆は、ヘルシーなイメージから、たくさん食べる方もいますが、このフードモデルで示した肉、魚、卵、豆腐、納豆がそれぞれ同じくらいのエネルギー量です。 主菜は1食1品が目安ですが、もし、肉も卵も両方一緒に食べたい場合は、それぞれを半分量に調整すれば、食べることができます。ただし年齢や活動によっても量は多少異なりますので、詳しくは、個別の食事指導の際にご説明いたします。	◎肉、魚、卵、豆腐、納豆の1単位分をフードモデルで示す。
	■副菜の種類と主な役割の説明を聞く。	【説明】 次は、副菜について説明します。 副菜は、野菜、海藻、きのこ等を使った料理ですが、血糖コントロールに有効な食物繊維が豊富です。 食物繊維は、ご飯などの糖質の吸収を抑え、食後の高血糖予防に有効とされています。また同じ食事を食べる場合でも、野菜料理を先に食べた方が、食後の血糖上昇をより抑えてくれるという報告もあります。	◎食物繊維が糖質の吸収を抑える、または、食物繊維が食後の高血糖予防に効果的であることを、図表で説明する。 ＊食物繊維の効用 （資料2）
	■副菜摂取の疑問点を考え、発言する。	【発問】 副菜の摂り方について、わからないことや疑問点はありませんか。 （想定される学習者の反応） ・1回の量は、どれくらい食べればいいの。 ・野菜ジュースは、野菜として考えていいの。	
	■疑問点についての説明を聞く。	【説明】 とてもいいところに疑問を持たれましたね。 ではこれらについて詳しくご説明いたします。	◎予め、質問を想定しておき、説明できるよう準備をしておく。 ＊献立作成用紙 （資料3）
	■自分の献立を作成する。	【指示】 では、主食、主菜、副菜とは何かを理解したところで、皆さんに、朝、昼、夕の献立を立てていただきたいと思います。 事前にお配りした献立作成用紙を出して下さい。 15分時間を取りますので、皆さんが「食べたい」と思う料理の献立を考えてください。	◎会場を回り、献立作成が進まない方には、声掛けして作成を補助する。 ◎必要に応じ、個々人の質問を受ける。

	■作成した献立を発表する。	【指示】 では、作成した献立を発表していただきたいと思います。ホワイトボードから料理カードを選び、バランスのよい献立をボードに貼ってもらいたいと思います。 どなたか発表していただける方はいませんか。 （想定される献立例） 主食：ご飯 主菜：鯖のみそ煮 副菜：きゅうり酢の物、煮浸し（油あげ入）	◎8割程度、献立作成が終わっていれば、時間を切る。 ＊料理カード（資料4） ◎料理カードを事前にホワイトボード貼っておく。 ◎会場を回っている際に、発表候補者を決め、あらかじめ声がけしておく。 医師から、直接指名してもらうこともある。
	■作成した献立について主食、主菜、副菜の分類があっているか皆で確認する。	【発問】 では、作成していただいた献立を皆で確認しましょう。主食のご飯と主菜の鯖のみそ煮は大丈夫そうですね。 では、副菜はいかがでしょうか。これはすべて副菜でしょうか。 （想定される学習者の反応） ・副菜でいいと思う。 ・油揚げ入っているから、主菜に入ると思う。	◎発表してくれたことをねぎらい、皆で拍手をする。 ◎献立作成で間違いのみられた点などは、解説を加え説明するが、否定的な言葉は使用しない。
	■1品に主食・主菜、副菜が混ざっている料理を選ぶ際の注意点について説明を聞く。	【説明】 油揚げは大豆製品なので主菜になりますが、少量を野菜の中に加えるような場合は副菜になります。このように、1品の中に主菜と副菜が混ざっている料理があります。 なお、カレーライスのように、ご飯、芋、人参、玉ねぎ、肉など主食、主菜、副菜が混ざっている料理は、どれが主食で、どれが主菜で、どれが副菜にあたるかを意識しながら、選んでいただければと思います。	◎主菜と副菜、主食と主菜等が混ざっている料理を摂取する場合も、主食、主菜、副菜が揃っていることを意識するよう説明する。 ◎摂取頻度が多そうな複合料理について、料理カードまたはフードモデルを用い、具体的に説明する。
まとめ 20分	■本日の内容を振り返り、今後の改善点をみつける。	【指示】 本日は、主にバランスがよい食事の組み合わせに関する学習でしたが、感想やわからないことなどを、何名かに発表していただきたいと思います。 ○○さん、いかがでしょうか。 （想定される学習者の反応） ・量や食べ方を考えれば、食べていいことがわかってうれしい。 ・色々な食材が混ざっている料理の主菜と副菜の分類は難しい。 ・お菓子はどこに分類すればよいのか。 ・食塩や油の摂取量は気にしなくていいのか。 ・牛乳やヨーグルトは主食・主菜・副菜のどれになるのか。	◎数名の参加者から、感想や質問を聞き取る。 ◎質問については、できる範囲で補足説明をするが、時間的に間にあわない、または、資料が必要と思う質問については、次回、説明することを伝える。

151

		【説明】	
		現在のお食事を、毎食、バランスのよい食事に改善するのは難しいと思いますが、血糖コントロールのためにも、「これならできる」という目標を、まずは1つ設定し、できたらもう1つというように、少しずつ理想に近づけていただけたらと思います。	
	■アンケートに記入する。	【指示】	☆質問紙調査 2-1)、2-2)、2-3)の評価
		では、最後に、お急ぎのところ恐縮ですが、今後の参考にさせていただきたいので、アンケートへの記入をお願いします。 では、これで本日の教室を終わります。 皆さん、お疲れさまでした。	

≪使用教材≫

| 資料1 | エネルギー産生栄養素が食後血糖（ブドウ糖）に変わる速度と割合 |

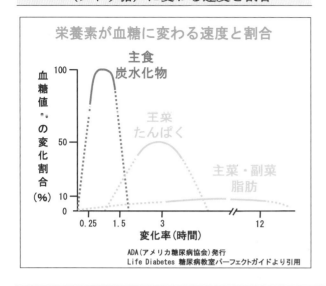

資料2　食物繊維の効用

	高繊維食	低繊維食
胃・小腸での食物の移動	遅い	速い
血糖の上昇	遅い	速い
インスリンの必要量	小（節約できる）	大（不足してくる）

資料3　献立作成用紙

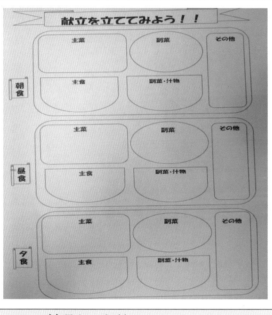

患者さんが立てた献立

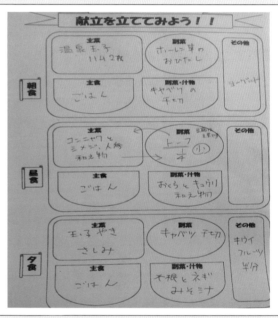

資料4　料理カード*1

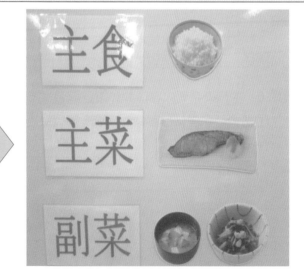

*1 料理カードはあえてバラバラに配置し、主食・主菜・副菜の分類ができるかどうかを確認する。

【糖尿病教室アンケート】

　糖尿病教室に参加いただき、ありがとうございます。今後の糖尿病教室のさらなる改善と患者様のより充実した糖尿病治療のために、アンケートにご協力ください。

性別：（　男　・　女　）

質問１：食事を摂ると、血糖は（①　上がる　・　②下がる　）。（該当番号に〇）

質問２：下記□内の①〜⑩の食品を「主食、主菜、副菜」に分類して下さい。

①鶏肉	②ごはん	③かぼちゃ	④キャベツ	⑤食パン
⑥ エビ	⑦きのこ	⑧豆腐	⑨そば	⑩　卵

【主食】＿＿＿＿＿＿＿＿＿＿＿＿＿＿＿＿＿＿＿＿＿

【主菜】＿＿＿＿＿＿＿＿＿＿＿＿＿＿＿＿＿＿＿＿＿

【副菜】＿＿＿＿＿＿＿＿＿＿＿＿＿＿＿＿＿＿＿＿＿

質問３：食後の高血糖を予防する食事の食べ方にはどんな方法があるでしょうか。

　　　＊取り組んでみようと思うことを３つまで書いてください。

　　　①＿＿＿＿＿＿＿＿＿＿＿＿＿＿＿＿＿＿＿＿＿＿＿＿

　　　②＿＿＿＿＿＿＿＿＿＿＿＿＿＿＿＿＿＿＿＿＿＿＿＿

　　　③＿＿＿＿＿＿＿＿＿＿＿＿＿＿＿＿＿＿＿＿＿＿＿＿

質問４：今後、食後の高血糖に気をつけた食事をしようと思いますか。（該当番号に〇）

　　　①思わない　　② 思う　　③ とても思う

　　　　　　　　②または③と回答された方のみ【質問６】を回答してください。

質問５：今後気をつけようと思うことを優先順位の高い順に、具体的に書いてください。

　　　①＿＿＿＿＿＿＿＿＿＿＿＿＿＿＿＿＿＿＿＿＿

　　　②＿＿＿＿＿＿＿＿＿＿＿＿＿＿＿＿＿＿＿＿＿

　　　③＿＿＿＿＿＿＿＿＿＿＿＿＿＿＿＿＿＿＿＿＿

質問６：本日の学習内容について、該当する項目に〇をつけ、内容を具体的にお書き下さい。

　　　①あまり参考にならなかった　　②　少し参考になった　　③とても参考になった

　　　理由：＿＿＿＿＿＿＿＿＿＿＿＿＿＿＿＿＿＿＿＿＿

　　　理由：＿＿＿＿＿＿＿＿＿＿＿＿＿＿＿＿＿＿＿＿＿

＊なお、本アンケートの一部は、今後の糖尿病教育のため、学会などで報告する可能性があります。
　その際は、個人が特定されることがないよう、プライバシーには十分配慮して使用させてだきます。

　　　　　　　　　　　　　　　　　　　ご協力ありがとうございました。

Chapter 9

成人（三次予防）を対象とした指導
「透析患者の高カリウム血症予防・改善教室」

9-1 概　要

- ❖ **対象者**：外来通院血液透析患者12人（男性5人：年齢60.4±8.4歳、女性7人：年齢61.1±12.3歳）
- ❖ **担当者**：管理栄養士、看護師

9-2 栄養アセスメント

臨床診査	透析歴1〜5年未満4人、5〜10年未満4人、10年以上4人 透析回数（3回/週）	
身体計測	【男性】　平均身長154.3±8.1cm　平均体重51.2±8.5kg 【女性】　平均身長150.1±3.7cm　平均体重49.3±5.7kg	
臨床検査	平均血清カリウム値：5.8±0.5mEq/L　（最小4.5mEq/L〜最大6.5mEq/L　） 基準値（5.5mEq/L）以上の高カリウム血症者は10人	
栄養・食生活	エネルギー 栄養素摂取状況	平均カリウム摂取量　2163±191mg/日（3日間食事記録） 最小1850mg/日〜最大2560mg/日 2000mg/日以上を摂取している者は10人
	食知識、食スキル	≪参加者の多くが理解している項目≫ ・カリウムの摂り過ぎが心臓麻痺を引き起こす ・生果物よりも缶詰果物の方がカリウム含有量は少ない ・野菜は茹でこぼすことでカリウムを減らせる ≪参加者の多くが理解していない項目≫ ・血清カリウム値の基準値はいくつか ・カリウムはどれくらいまでなら摂ってよいのか ・野菜と果物以外にカリウムの多い食品は何か
	食態度、食行動	・生野菜、生果物は一切食べない者が多い ・常に食事に不安を感じており、食事を楽しむことができない 者が多い
その他	成人期における食に関する主観的QOL（SDQOL）[1]　の平均：12±4点 ほとんどの参加者は、他の病院などで、個別栄養指導を受けている	

[1] 會退 友美ほか: 成人期における食に関する主観的QOL（subjective diet-related quality of life）

9-3 課題の抽出と優先課題の検討

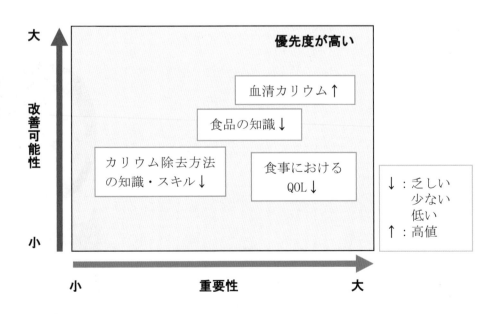

9-4 全体計画

目　標	評価指標	《評価方法》
1【実施目標】　実施に関する目標		
２回の講義と実習、１回のグルーワークと個別相談を行う	それぞれの実施回数	《実施記録》
2【学習目標】　知識の習得、態度の変容、スキル形成に向けての目標		
（知識）・血清カリウムの基準値を理解する ・高カリウム血症予防の意義を理解する ・カリウムの摂取基準量を理解する ・高カリウム含有食品を理解する	2-1）それぞれの理解度	《質問票1》
（態度）・食事の不安を払拭し、食事管理を進んで行う	2-2）食事管理の意欲	《参与観察[1]》
（スキル）・食品の選択技術を身につける ・調理によるカリウム除去の方法を身につける ・カリウムを減少させた食品を保存できる	2-3）カリウム除去技術	《参与観察[1]》
3【行動目標】　行動を形成または修正し、行動変容に発展させる目標		
・調理の際には、毎回、水さらしや茹でこぼしをし、 　カリウム摂取量を 2000 mg/日未満にする	3）実施の有無	《食事記録》 《質問票2》
4【結果目標】　学習プログラムの最終的な目標　（3か月後）		
・血清カリウム値の改善（5.5 mEq/L 未満にする） ・食に関する主観的QOL（SDQOL）の向上	4-1）血清カリウム値 4-2）SDQOL 得点	《血液検査》 《質問票3》

[1] 参与観察：調査者（栄養士）が対象集団の学習に参加することを通して、観察データを得る。

9-5 カリキュラム　　実施回数　3回

回数	学習内容（学習の主題）	学習形態	目標番号	評価指標	スタッフ
1回目	「高カリウム血症予防・改善教室　基礎編」 ・血清カリウム値の基準値 ・高カリウム血症予防の意義 ・カリウムの摂取基準量 ・食品に含まれるカリウム量 ・野菜と果物摂取への不安の軽減	講義 実習	2	2-1） 2-2）	医師 管理栄養士 看護師
2回目 1か月後	「高カリウム血症予防・改善教室　達人編」 ・前回の振り返り ・茹でこぼし、水さらしの方法 ・食品別のカリウム除去量 ・調理方法によるカリウム減少率の違い ・茹でこぼした後の保存方法	講義 実習	2	2-1） 2-3）	管理栄養士
3回目 3か月後	「事後相談会」 ・行動目標の実施状況の振り返り ・血清カリウムの検査結果の確認 ・食に関する主観的QOLの変化の確認 ・改善が難しいことについての話し合い	グループ ワーク 個別相談	3 4	3） 3） 4-1） 4-2）	管理栄養士 看護師

9-6 指導案　　2回目「高カリウム血症予防・改善教室　達人編」　（実施時間：40分）

	学習者の活動	指導者のはたらきかけ （予想される参加者の反応）	留意点（◎）、教材（＊）、 評価（☆）
導入 5分	■挨拶 ■前回の内容を振り返る。 ■本日の内容を聞く。	皆さん、こんにちは。前回の教室から1か月、間があいてしまいましたので、最初に前回の復習をしてから、本日の内容に移りたいと思います。時間は40分ですが、もし途中で体調が悪いようなら遠慮なくお知らせください。 【説明】 高カリウム血症は血清カリウムが5.5mEq/L以上、カリウム摂取量は1日2000mg未満、野菜、果物、肉、魚などにもカリウムが多く含まれていましたね。 【本日の内容について説明】 本日は「高カリウム血症予防・改善教室　達人編」として、次の4つについて説明します。 1. 水さらし、茹でこぼしの方法 2. 食品別のカリウム除去率 3. 調理方法によるカリウム減少率の違い 4. 茹でこぼした食品の保存方法	◎透析後は体調を崩しやすい患者もいるため、患者の様子に留意する。 ◎本日の内容をホワイトボードに書いておく。
展開 25分	■水さらしの正しい方法を考え、発表する。 ■水さらしの正しい方法について説明を聞く。	【発問】 水さらしや茹でこぼしについては既にご存じと思いますが、簡単におさらいしましょう。 パワーポイントをご覧下さい。この水さらしには間違いがありますが、どこが間違っていると思いますか？ （想定される参加者の反応） ・皮をむいていないところ？ ・切っていないところ？ 【説明】 気づかれたように、こんな点が間違いです。 ①水に触れていない部分がある。 ②野菜の皮をむいていない。 ③切り方が大きい。 ④切っていない。 切り方を工夫することでカリウム除去の効率がよくなります。また、水さらしの時間は20分程度で大丈夫です。	◎説明はパワーポイント（以下、PPと表記）で行うが、最後に資料を配布する。 ◎正解ではない場合でも、発言したことが正解に近づくよう誘導する。 ◎ゆっくり、説明する。 ＊PP① ＊PP②

■茹でこぼしの正しい方法を考え発表する。	【発問】 では、続いては茹でこぼしについてです。このパワーポイントを見て、どこが間違っていると思いますか？		＊PP③
	（想定される参加者の反応） ・お湯を一度捨てないといけないところですか。		
■茹でこぼしの正しい方法について説明を聞く。	【説明】 正解です。 茹でることで食品からカリウムは溶けでてきますが、まだ鍋の中に残っている状態です。そのため、一度お湯を捨てる必要があります。茹で時間はそれぞれの食品が食べ頃になるまで茹でていただければ結構です。		◎ゆっくり、説明する。
■日頃の自身の調理方法を振り返る。	【発問】 皆さん、普段ご自宅でされている水さらしや茹でこぼしと比べていかがでしたか？		
	（想定される患者の反応） ・私は茹でこぼしができていなかった。		
	【確認】 できていた方は素晴らしいですね。できていなかった方は、今日の内容を振り返り、取り組んでいただきたいと思いますが、今後できそうですか。		◎参加者の反応を確認し、できていた人は称賛し、できていなかった人には、これからできそうか、確認する。
■カリウムを除去しやすい食品を考え、除去しやすい順に、食品カードをホワイトボードに並べる。	【指示】 続きまして、食品の中には水さらしや茹でこぼしが効果的なものとそうでないものがあります。 こちらの食品の実物大の図を、ホワイトボードにカリウムを除去しやすい順番に並べていただけますか。野菜は○○さん、肉と魚は○○さんにお願いしたいと思います。		＊アスパラガス、大根、ほうれん草、鮭、鶏もも肉、豚もも肉の実物大のカード
■食品の種類によって、カリウム除去率が異なることについての説明を聞く。	【説明】 それでは、正解を見ていきましょう。こちらのパワーポイントをご覧下さい。 下に向かうほど水さらしや茹でこぼしが効果的な食品になります。カリウムを除去しやすい野菜は、もやし、小松菜、 肉と魚は、豚もも肉、鶏もも肉、さけの順番になります。		＊PP④

	■気づいたことや疑問点を話す。	**【確認】** この説明を聞いてどのように思われましたか？ **（想定される参加者の反応）** ・肉も茹でることでカリウムが減るんですね。 ・皮の硬い野菜は、茹でても減らないようですね。	◎参加者の反応を確認し、質問に答える。
	■調理方法によっても、カリウム減少率が違うことについての説明を聞く。	**【説明】** ここからは茹でこぼしの応用です。調理方法の違いでカリウム量にどれくらいの差が生じるかを示しています。生の豚肉80 gを焼いた時と茹でた時の差は119 mgもあります。 119 mgといわれても実感しにくいので、果物の分量で示しました。みかんなら1個分、リンゴなら半分に相当するカリウムを、肉を茹でこぼすと減らすことができるということです。	＊PP⑤ ＊PP⑥
	■気づいたことや疑問点を話す。	**【確認】** この説明を聞いてどのように思われましたか？ **（想定される参加者の反応）** ・みかん1つ分もカリウムが減るなら、肉も茹でて食べようと思う。	◎参加者の反応を確認し、質問に答える。
	■茹でこぼした食品の保存方法についての説明を聞く。 ■ジップ付きパック、アルミトレイの実物を確認する。	**【説明】** 最後に茹でた肉や野菜を冷凍保存する方法を説明します。必要な道具はジップ付きパックとアルミトレイです。まず茹でた肉や野菜の水気をよく取ります。そして、ジップ付きのパックに重ならないように入れて、中の空気を出しながらジップを閉じます。 次に、アルミトレイの上にのせて冷凍庫へ入れます。アルミトレイにのせることで冷やす効率を上げることができるため、短時間で冷凍させることができます。また、冷凍までの時間を短くすることで解凍後のパサつきを抑えることができます。	◎ジップ付きパック、アルミトレイの実物見本を見せる。 ＊PP⑦
	■気づいたことや疑問を話す。	**【確認】** ここまでで何か質問はありますか？ **（想定される参加者の反応）** ・冷凍した食品はどれくらいもつの？	◎一度、参加者の理解度を確認する。

	■保存期間や冷凍方法の応用、解凍方法について説明を聞く。	【説明】 1週間程度保存することができます。すぐに料理に使える形で保存しておくと便利です。例をあげると、ひき肉は肉団子状にしておくとよいでしょう。 冷凍した食品はそのまま調理しても大丈夫ですが、解凍時のパサつきを抑えるには、冷凍庫から冷蔵庫へ移して1晩かけて解凍させる方法をお勧めします。	＊PP⑧
まとめ 10分	■配布資料を見ながら本日の学習内容を振り返る。	【説明】 では、本日説明に使用したパワーポイントをまとめた資料を配布いたします。資料に書いてあることや、本日学習した内容は全部を実践しないといけないわけではありません。自分の生活にあわせて、これならできそうだと思う方法から実践していただければ十分です。	◎PP資料（①～⑧）を配布 ◎張り切り過ぎて、途中で疲れないように声かけする。
	■質問票に記入する。	【指示】 実践できそうなことや、本日の振り返りをして、アンケートに記入をお願いします。	☆質問票1 2-1）、2-3）の評価ができる質問内容とする。
	■3か月後の調査について、説明を聞く。	【説明】 最後にお願いがあります。 3か月後に、皆さんのカリウム摂取量や血清カリウム値がどれくらい変化したか、そして、お食事の満足状況等がどのように変化したかを調査させていただければと思いますのでご協力よろしくお願い致します。 本日は長時間にわたり、ありがとうございました。	☆3か月後の評価 ・食事記録⇒3の評価 ・質問票2⇒3の評価 ・血液検査⇒4-1）の評価 ・質問票3⇒4-2）の評価

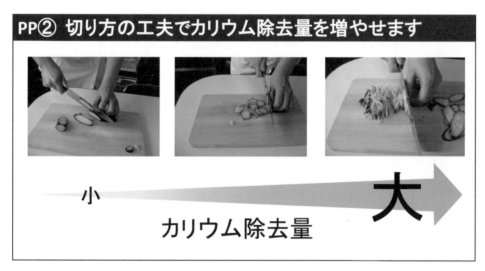

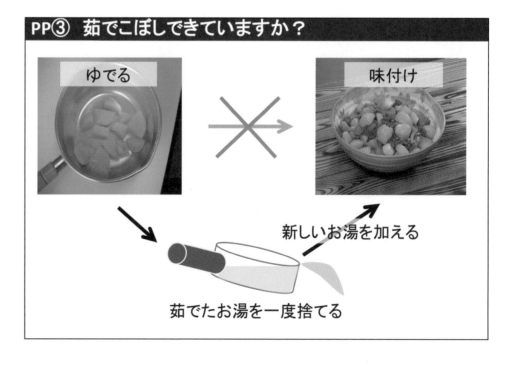

PP④ 調理方法（ゆでこぼし・水さらし）で減少するカリウムの割合

カリウム除去率		穀類・いも類	豆類・種実類	野菜	きのこ・藻類	肉・魚・卵
低	0〜19	玄米 さといも じゃがいも ながいも	くり ぎんなん	オクラ かぼちゃ アスパラガス なす、たけのこ	まこんぶ なめこ	卵、くるまえび カレイ、まあじ いわし、たい さけ
	20〜39	米	あずき 大豆	枝豆、大根、 人参、長ねぎ チンゲンサイ 玉ねぎ	しいたけ ぶなしめじ えのきだけ マッシュルーム	いか、ぎんだら さば たこ しじみ、かき
	40〜59	そば		ごぼう　白菜 ほうれんそう、 れんこん キャベツ、	エリンギ まいたけ	ずわいがに 鶏もも肉 豚ロース肉
	60〜79	中華めん	油揚げ	もやし、小松菜	わかめ、ひじき	豚もも肉 牛リブロース 牛もも肉
高	80〜100 （%）	うどん スパゲッティ そうめん	凍り豆腐			

日本食品標準成分表2020年版（八訂）より作成

PP⑤　調理方法によるカリウム減少量の違い（豚肉）

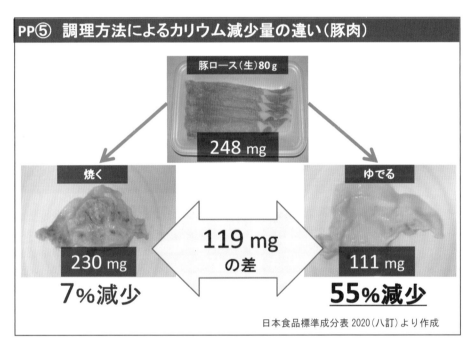

豚ロース（生）80g

248 mg

焼く　230 mg　7%減少

119 mg の差

ゆでる　111 mg　55%減少

日本食品標準成分表 2020（八訂）より作成

PP⑥　カリウム 119 mg 分の果物

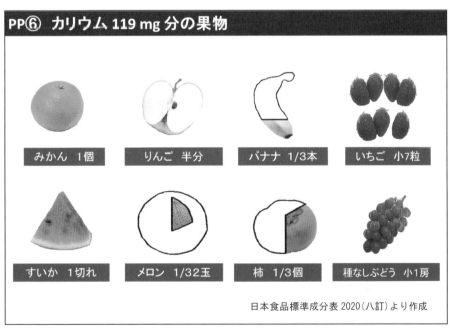

みかん　1個　　りんご　半分　　バナナ 1/3本　　いちご　小7粒

すいか　1切れ　　メロン　1/32玉　　柿　1/3個　　種なしぶどう　小1房

日本食品標準成分表 2020（八訂）より作成

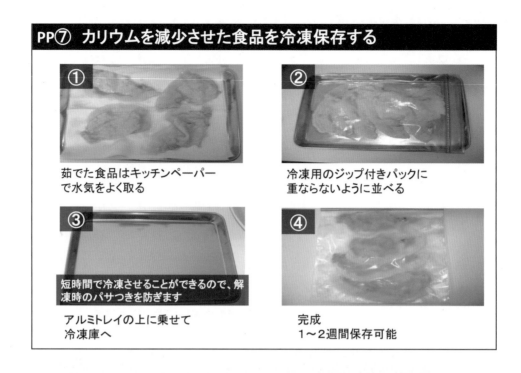

PP⑦　カリウムを減少させた食品を冷凍保存する

① 茹でた食品はキッチンペーパーで水気をよく取る

② 冷凍用のジップ付きパックに重ならないように並べる

③ 短時間で冷凍させることができるので、解凍時のパサつきを防ぎます

アルミトレイの上に乗せて冷凍庫へ

④ 完成
1〜2週間保存可能

PP⑧　応用編　ひき肉は肉団子状にする

① ② ③ ④ ⑤ ⑥

質問票3

成人期における食に関する主観的QOL（Subject Diet-related Quality Of Life：SDQOL）

質　問	回答				
	あてはまる	どちらかといえばあてはまる	どちらともいえない	どちらかといえばあてはまらない	あてはまらない
	5点	4点	3点	2点	1点
例) 食事時間が楽しい		○			
食事の時間が待ち遠しい					
食卓の雰囲気は明るい					
日々の食事に満足している					

上記回答のうち当てはまるものに○をご記入ください。

合計　　　　　　点

〈参考〉　會退友美ほか：成人期における食に関する主観的QOL（subjective diet-related quality of life（SDQOL））の信頼性と妥当性の検討．栄養学雑誌 70，181-187，2012

Chapter 10

高齢者を対象とした
集団指導例

「キラキラシニアライフを
目指して」

10-1 概　要

- **対象者**　健康教室（6月～翌年1月までの期間）に応募・参加している65～74歳の高齢者（ロコモティブシンドローム：ロコモ、サルコペニア：サルコといった低栄養リスクをもった者を含む）男性20名、女性10名、計30名
- **主　催**　NPO法人「シニア健康大学」
- **担当者**　NPO法人「シニア健康大学」運営スタッフの管理栄養士
- **健康大学の開講スケジュール**　開講日は土曜日または日曜日の午前中（月1～2回）の計11回実施

講座No.	講　座　名	担　　当	内　　　　容
1	開講式	全スタッフ	講義、身体計測等、ロコモチェック・ロコモ度テスト[1]、指わっかテスト[2]、<u>簡易型自記式食事歴法質問票調査・食生活アンケート等の回収・確認、セルフモニタリングシートの配布</u>
2	健康講話	医師	医師による高齢期の健康課題とその要因に関する講義
3-5 7・8	身体活動推奨のための講座、地域散策	健康運動指導士ほか	毎回異なった身体活動をとり入れた講義やレクリエーション、地域の歴史や特徴に触れる体験型見学会
6	食生活基礎講座	管理栄養士	自分の普段の食事を振り返り、問題点を把握して改善するための食生活基礎講座
9	調理実習	管理栄養士	主食・主菜・副菜の組み合わせと各自の適正量を意識するための調理実習
10	終了時の測定	全スタッフ	身体計測、ロコモチェック・ロコモ度テスト、指わっかテスト
11	閉講式、交流食事会	全スタッフ	閉講式、参加者とスタッフが交流する食事会

・全スタッフとはNPO法人の運営に関わっている大学教員・学生、健康運動指導士、管理栄養士などを指す。
・初回のアンダーラインの部分と第6回と第9回を管理栄養士が担当する。
[1] ロコモチェック・ロコモ度テスト：ロコモチャレンジ！推進協議会 https://locomo-joa.jp/check/test/ 参照
[2] 指わっかテスト：東京大学高齢社会総合研究機構・飯島勝矢らにより提唱されているサルコペニアの簡易セルフチェック法

10-2 栄養アセスメント

身体計測		BMI（Body Mass Index）[1]：低体重4割、普通体重5割、肥満1割
栄養・食生活	エネルギー・栄養素摂取状況	エネルギー摂取量不足者4割、過剰者1割 たんぱく質摂取量が推奨量以下の者が3割
	食事摂取状況	朝食：主食・主菜・副菜は揃っているが全体的に量が少ない者3割 昼食で主食・主菜・副菜が揃っていない者8割 飲酒量が多い男性は主食・副菜を抜く傾向がある（男性の4割） 女性では夕食で肉料理を控える傾向がある（女性の4割）
	食知識・食態度・食スキルなど	健康の維持・増進や認知症予防のための食事への関心は高い。 男性では食事知識が不十分な者6割 女性では生活習慣病予防の意識が高く、食べる量を減らしている者5割
	食環境	食環境に関する知識が習得できれば、適切な食生活を営むことが可能な環境にある者が多い。
その他		ロコモチェック：1つ以上の項目該当者5割。ロコモ度テスト：ロコモ度1該当者6割 サルコペニアの可能性が高い者[2]：1割未満

[1] BMIで低体重は20.0kg/m² 未満（50～64歳）、21.5kg/m² 未満（65歳以上）、肥満は25.0kg/m² 以上
[2] 指わっかテストで隙間ができる者

10-3 課題の抽出と優先課題の検討

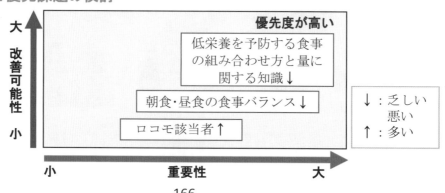

10-4 全体計画

目　　標	評価指標	《評価方法》
1 【実施目標】　実施に関する目標		
食生活講座1回、調理実習1回を行う	1）　実施回数	《実施記録》
2 【学習目標】　知識の習得、態度の変容、スキル形成に向けての目標		
（知　識）・自分のロコモ度と低栄養リスクを把握する ・自分の栄養素等摂取状況の問題点を知る ・朝食と昼食の適切な食事の組み合わせを理解する （態　度）・低栄養予防に対する改善意欲を高める （スキル）・自分に合った食事バランスを整えることができる	2-1）自分のロコモ度の理解 2-2）栄養素摂取上の問題点の把握 2-3）食事の組み合わせの理解 2-4）食事の改善意欲 2-5）食事の組み合わせに関する技術	《講座のまとめシート》 《参与観察 講座のまとめシート》
3 【行動目標】　行動形成または修正し、行動変容に発展させる目標		
・主食・主菜・副菜を適切に組み合わせた食事をする人を6割にする ・体重・ロコモ度のセルフモニタリング実施者を9割にする	3 1）主食・主菜・副菜の摂取状況 3-2）体重、ロコモ度のモニタリング	《食事の振り返りシート》 《モニタリングシート》
4 【環境目標】　食環境づくりに関する目標		
ソーシャルネットワークの情報提供を定期的（2か月に1回程度）行う	4）　情報提供の回数	《情報提供の記録》
5 【結果目標】　学習プログラムの最終的な目標　（QOL、身体状況、生化学データ等）		
・適正体重維持者を7割にする ・ロコモ該当者を現在の半分にする	5-1）体重 5-2）ロコモ度	《体重計測》 《ロコモ度測定》

10-5 カリキュラム　　食生活関連の内容を扱う講座　4回

回数	学習内容（学習の主題）	学習形態	目標番号	評価指標	スタッフ
1回目 講座 No. 1	［個人面談］ ・BMI からエネルギー量の過不足を推測する ・セルフモニタリングの開始	面談	2	2-1） 2-2）	管理栄養士
2回目 講座 No. 6	［食生活基礎講座］ ・自分の食生活状況を振り返り、自分の食物摂取状況の問題点を知る ・自分の状況に合わせ、適切に料理を組み合わせることが重要であることに気づく ・食事改善の意欲を高める ・行動目標の設定をする	講義 演習	2	2-2） 2-3） 2-4）	管理栄養士（講師） 補助スタッフ （前年度までに 講座の修了生）
3回目 講座 No. 9	［調理実習］ ・主食・主菜・副菜を組み合わせた調理実習 ・各自の状況に合わせた量の調整について理解を深める ・食事を共にし、各自の日頃の心がけや現在の課題について情報交換	実習	2	2-5）	管理栄養士（講師） 補助スタッフ （前年度までに 講座の修了生）
4回目 講座 No. 11	［交流食事会］ ・講師や参加者同士の情報交換 ・講座に参加したことで、日頃の運動や食事で変化したことなどの把握	交流 食事会	3 5	3-1） 3-2） 5-1） 5-2）	全スタッフ

10-6 指導案　カリキュラムの2回目《食生活基礎講座（講座 No.6）》　（実施時間 90 分）

	学習者の活動	指導者の働きかけ （予想される学習者の反応）	留意点(◎)、教材(＊)、 評価(☆)
導入 10 分	■グループに分かれて自己紹介する。 ■本講座の内容を知るために講師の説明を聞く。	【講師自己紹介・グループで自己紹介】 【講座の概要説明】 年を重ねてくると、個人差が大きくなり、キラキラシニアライフのための食生活上の課題も異なってきます。シニア世代では、食べすぎとともにエネルギーや栄養素の摂取不足も大きな健康上の課題となります。 この教室の最初に実施したロコモチェック・ロコモ度テストと指わっかテストの結果はいかがでしたか。お持ちになっていない方は結果表をお渡ししますので、申し出てください。 今日は、その結果も参考にしながら、皆さんご自身の食事について考えていきます。	◎参加者をランダムにグループ（5 人/組）分けし、グループごとに机を囲んで着席して、コミュニケーションを図り易くする。 ＊体重のセルフモニタリングシートを持参してもらう。 ＊必要に応じて、1 回目に測定したロコモチェック・ロコモ度テスト、指わっかテストの結果シートを配布する。
展開 I 65 分	■「キラキラシニアライフ」でしたいことを考えてワークシートに書き入れる。 ■自分のロコモ度について再確認する。 ■ロコモ予防の重要性について考える。	【指示】 最初に皆さんが、キラキラシニアライフで目指したいことを考え、ワークシートに書き入れてみましょう。この教室に参加しようと思った理由を思い出してみるといいかもしれませんね。 【説明】 今、書いていただいた皆さんの目指したいことを忘れずに、この教室での学習を積み重ねていただきたいと思います。 【発問】 ところで、ご自身のロコモチェックやロコモ度テストの結果についてどう思われましたか。 （想定される学習者の反応） ・自信があったのにロコモ1度でショックだった。 ・運動しようと思って参加したけれど、自分の状況を知ることができてよかった。 【説明】 この教室の第2回の講座で医師の先生から、フレイルという言葉について説明があったと思います。皆さんの多くは運動したいということでこの教室に参加されたと思いますので、介護が必要となる前段階のフレイルは関係ないと思っていらっしゃるかもしれませんが、6割の方はロコモ該当者でした。ロコモは要介護状態や寝たきりになってしまう原因になるので、高齢者の健康課題として重要です。	＊講座の流れに沿った資料（ワークシートとしても活用：以下、ワークシート）を作成し、配布する。 ◎補助スタッフとともに、机間巡視してワークシートへの記入ができているかを確認する。 ◎ロコモチェック・ロコモ度テスト、指わっかテストの結果シートを確認してもらいながら話す。

		【発問】 筋肉量を減らさず、骨の健康を保ってロコモを予防するためには、何が大切だと思いますか。 **（想定される学習者の反応）** ・運動 ・食事	◎ワークシートに書き出してもらう。 ◎参加者の発言を否定せず、食事について考えられるように進める。
■ロコモ予防に重要な食事について考える。		【説明】 いいところに、気づいていますね。運動も大切な要素です。さらに、ロコモそしてフレイル状態になってしまう大きな要因のひとつは、必要な栄養素等が摂取できない低栄養とよばれる状態に陥ることです。食事全体を見直して賢く食べることで低栄養状態を避けることができれば、健康を保って、キラキラシニアライフを楽しむことができますね。	☆2-4)
■低栄養に関するサインについて自分と照らし合わせて考える。		【指示】 今後はフレイル予防も意識していきましょう。ここに示したことに心あたりはありませんか。もしかしたらと思ったら、次の低栄養に関する食事面でのサインで、あてはまる項目がないかを考えてみてください。	ワークシートにあるチェック項目を確認してもらう。 ＊図1、図2参照
■低栄養に関する説明を聞く。		【発問】 低栄養状態を避けるための食事では、まずエネルギーの確保が必要ですが、摂取したエネルギー量の過不足を評価しようとするときの最もよいのはどのような方法だと思いますか。 **（想定される学習者の反応）** ・食事を調べること。 ・体重を測ること。	◎グループ内で意見交換しながら、答えてもらうようにして進める。
■自分の食事調査結果を見てエネルギーや栄養素摂取量の過不足を確認する。		【説明】 いい答えが出てきていますね。摂取したエネルギー量の最も簡単で優れた評価方法は体重の変化をみることです。今日は、この健康教室の開講時に皆さんに回答していただいた食事調査票の結果をお返しします。まず見ていただきたいのはBMIという数値です。やせ過ぎ、太り過ぎといった体格で、食べたエネルギー量の評価をしています。	＊各自の簡易型自記式食事歴法質問票調査の結果シート(BMIや栄養素のとり方に関するリスクの程度をシグナルで示したシート) http://www.ebnjapan.org/sitsumon/pdf/result/sample_201306_signal.pdf を参照
		【発問】 ご自身の信号は何色でしたか。 **（想定される学習者の反応）** ・青だから大丈夫。 ・やせ気味の黄色で、意外だった	

		【指示】	
		栄養素等の摂取状況も青・黄・赤のシグナルで表示されています。摂取量が良好である青以外の黄や赤になっている栄養素を確認しておいてください。	◎グループ内で見せ合ってもらう。青が少ない人の様子を観察して進める。
	■自分のたんぱく質の摂取量を確認する。	【説明】次に、たんぱく質のところをみてください。シニア世代では、低栄養予防の観点からたんぱく質の不足に気を付けていただく必要があります。黄色や赤色だった方は、食事量だけではなく、食事の内容にも配慮してほしいので、この点にポイントをおいて、考えていきましょう。	◎自分の問題への気づきがあるかを観察しながら、机間巡視する。☆2-2)
	■主菜の重要性に関する説明を聞く。	【説明】具体的には主菜とよばれる肉、魚、卵、大豆製品などを使ったおかずが入った食事を毎日2回以上入れていただきたいのです。今までメタボ予防のために主菜を控えめにしていた方もいらっしゃると思いますが、人によっては今回の結果を踏まえ、考え方を変えていただく必要があるかもしれません。	☆2-3)、2-4)
	■食事の組み合わせの重要性についての説明を聞く。	【説明】「1品で大丈夫」という食品はありませんので、適切な食事を考えるには料理の組合せが重要です。	
	■自分の食事と照らし合わせて考える。	【発問】普段の食事をこのような形で簡単にすませてしまうことはありませんか。 （想定される学習者の反応） ・こんな感じの食事はよくある。 ・これでは、問題なのかな。	◎図3を見てもらいながら、自分の問題への気づきがあるかを観察しながら、進める。＊図3参照
	■主菜の量の目安と1日にとりたいたんぱく質給源食品の量について確認する。	【説明】主菜を組み合わせてほしいという話をしましたが、どのくらいの量にすればよいでしょう。1食にとる主菜の量の目安は、皆さんの手のひら1つ分と考えれば、応用しやすいですね。参考に、1日にとりたいたんぱく質給源食品の例も示しましたので、参考にしてください。	＊図4、表1参照
	■グループで取り組む内容の説明を聞く。 ■適切な食事をするための方法をグループで話し合い意見を出す。	【指示】では、先ほど示した簡単な食事例について、進行係と書記を決めて、グループで改善策について意見交換してみてください。グループのまとめを後で発表してもらいます。意見を出すのに、付箋などを使いたいというグループがあれば、用意してあるのでスタッフに申し出てください。それでは意見交換を始めてください。	◎グループでの意見交換が活発に行われるようにサポートする。◎ブレインストーミングでの進め方も提案し、必要があれば付箋を配布する。

	■グループのまとめを発表する。 ■発表を聞く。	【指示】 皆さん、グループの改善策をまとめることができましたか。それでは、簡潔に発表してもらいます。では、こちらのグループから発表してください。	＊グループワークのまとめ用に、A3用紙に印刷したワークシートを配布する。 ◎発表が円滑に進むようにサポートする。
	■気づいたことを発表する。	【発問】 各グループの改善策を聞いた感想を発表してください。	
		（想定される学習者の反応） ・いろいろ工夫できそうだ。 ・自分でもできそうな提案があった。	☆2-3)、2-4)
	■食事改善の工夫に関する説明を聞く。 ■主菜に副菜も組み合わせ、多様な食品を取り入れることの重要性を確認する。	【説明】 皆さんから、とてもよいアイディアがでました。食事の中に主菜をしっかりとり入れることは大切ですが、たんぱく質の摂取量だけを考えればいいというわけではありません。高齢期の低栄養対策としては、多様な食品を摂り入れていくことが重要といわれています。そういう観点から先ほどの食事の改善策の例を示します。	＊図5・6 ◎図5・6を配布資料として用意しておく。 ☆2-3)、2-4)
展開Ⅱ 45分	■今回の講座の学習を振り、参考になったことを考えて発表する。	【発問】 今日はグループワークをとり入れて、考えていただきました。今日の講座の内容で参考になったことはどのようなことでしょうか。	
		（想定される学習者の反応） ・具体的に考えることができた。 ・初めて話した人もあって、仲間意識が高まった。	
	■グループで取り組む内容について説明を聞く。	【確認】 今日の講座は、最初に皆さん自身のキラキラシニアライフでしたいことを思い描いていただくことからスタートしました。その後……（これまでやってきたことの概略を振り返る）。 今日取り組んだことについて質問などがありましたら、遠慮なくお聞きください。	☆2-2)、2-3)、2-4)
	■食習慣チェックシートを記入する。	【指示】 最後に今後の改善点について気づいていただくために食習慣チェックをしてみましょう。配布したシートで、1週間のうち何日摂取したり、取り組むことができそうかを考え該当する点をマークして、そのマークを折れ線グラフのように結んでみましょう。 【補助スタッフとともに、机間巡視して食習慣チェックシートへの記入ができているかを確認する】	講座のまとめシートの記載と質問内容により評価 ＊食習慣チェックシート（図7参照）を配布する。

まとめ 15分	■チェックシートをグループメンバーで見せ合って確認する。	【指示】 皆さんの記入が済んだグループは他のメンバーの形がどうなっているか見せ合って確認してみてください。	
	■自分の行動改善目標を決め目標記入用紙に書き入れる。	【指示】 グループの皆さんと比べてどうでしたか。仲間の皆さんと比べて低いところが、皆さんが取り組めているのに、ご自身はできていない課題になるところです。課題を認識できたところで今日から取り組もうと考える改善目標を記入シートに書き入れてみましょう。	*行動改善目標記入用紙を配布する ◎改善目標が「〜しない」ではなく、「〜する」という能動的な表現になるようにサポートする。 ☆2-3)、2-5)
	■終わりの挨拶	【指示】 記入できましたか。行動改善目標は目に触れるところに貼り、毎日見てしっかり取り組んでみてください。 今回の講座はこれで終わりとなります。グループの皆さんとはこの後に続く講座の中でも情報交換をして、ともにキラキラシニアライフを目指してください。 今日はありがとうございました。	◎補助スタッフも含めて並び、終わりの挨拶を行う。

〈使用教材〉

表1　1日にとりたいたんぱく質給源食品の例

たんぱく質 給源食品	概量	概量あたりの たんぱく質量	備考
薄切り肉	3枚（60g以上）	約10〜20g	肉の種類によって異なる
魚	1切れ（70g程度）	約15〜20g	魚の種類によって異なる
卵	11個（50g程度）	約6g	
豆腐	ミニ豆腐(120g程度)	約6〜9g	木綿豆腐＞絹ごし豆腐
納豆	1パック（約40g）	約7g	
牛乳	1本（200ml）	約7g	

※ごはん100gで2.5g、6枚切り食パン1枚で6g程度のたんぱく質が摂取できますが、穀類の場合は動物性の食品や大豆製品と組み合わせて摂取してください。

※これらの食品にその他の食品を組み合わせて、60歳以上のかたは男性60g/日、女性50g/日以上のたんぱく質摂取を目指してください。

図1

図2

図3

図4

図5

図6

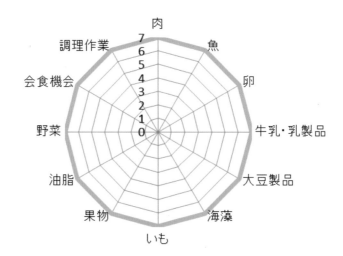

図7　食習慣チェックシート

食品項目は、少しでも摂取できた日は中心から点を打っていきます。1週間毎日摂取できると一番外側の7に点が入ります。

「会食機会」と「調理作業」は取り組めた日に点を打っていきます。

1週間後にそれぞれの項目の積み重なった点を結び、どこが凹んでいるか確認して、次週はそこの改善を目指します。

（特定非営利団体　国際生命科学研究機構の「TAKE10!」を参考にして作成）

・ 幼児を対象とした指導「食育教室」パネルシアター シナリオ

【登場人物】

まもる君（M）・お母さん（H）・熊さん（K）・トマトちゃん（T）・ピーマン君（P）・ナレーション（G）

【概要】

お菓子が好きで野菜が嫌いなまもる君が、野菜たちとの会話で野菜が持つ働きや野菜を食べることの大切さを知り、進んで食べようとするようになる。

【導入】

私たちは〇〇大学から来ました。（各自名前を言って挨拶する）

今日は皆さんに野菜のお話をしに来ました。皆さんは野菜が好きですか？

皆さんに野菜をもっと好きになってもらえるように、今から物語を始めたいと思います。

静かに最後まで聞いてください。それでは、はじまり始まり〜 ♪

【場面1】

G: あるところに、まもる君という男の子が住んでいます。野菜が大嫌いで、いつもお菓子ばかり食べている子です。今朝も台所からお母さんの声が聞こえてきました。

H: 「まもる、朝ご飯ですよ!」

G: 朝ご飯のおかずには野菜がいっぱい使われていました。

M: 「野菜なんておいしくないし大嫌い!」

G: そう言ってまもる君はお菓子を食べ始めました。

H: 「いつもお菓子ばっかり食べて野菜を食べないでいると、病気になってしまうわよ!」

G: とうとう、まもる君はお母さんにおこられてしまいました。

M: 「野菜を食べないだけで病気になんかなるもんか!」

G: お母さんにそう言うと、まもる君は家を飛び出してしまいました。

【場面2】

G: まもる君は、家の向こう側にある小さな森に向かってどんどん歩いて行きました。小さな森に入ると、まもる君は林の中をどんどん進んでいきました。森の真ん中くらいにまで来た頃に、まもる君は、なんだか体の具合が悪くなってきました。おまけに、小石につまずいて転んでしまいました。

M: 「えーん、えーん。なんだか寒いし、転んでひざをすりむいちゃったよう。痛いよう。」

G: まもる君は林の中で泣き出してしまいました。そこに、通りかかった熊さんが優しく声をかけてくれました。

【場面3】

K: 「まもる君、どうしたんだい？ なんだか具合が悪そうだね。」

M: 「お散歩をしていたら、なんだか体が寒くなって、おまけに転んで怪我しちゃったんだ。これじゃ、おうちに

175

帰れないよう！」

K:「う～ん。まもる君、君はいつも何を食べているんだい？　朝ごはんはちゃんと食べてきたかい？」

G:熊さんは言いました。

M:「僕、お菓子が大好きなんだ！　朝ごはんは、おかずをきちんと食べてこなかったなあ…。だって、僕の嫌いな野菜がいっぱい入っていたんだもん！」

K:「そうか、まもる君は野菜が嫌いなんだね。体の具合が悪いのはきっと野菜を食べずにお菓子ばかり食べていたからだよ。よし、僕がよい所に連れて行ってあげよう！」

【場面4】

G:熊さんはまもる君を連れて森の中をどんどん進み、森を抜けて畑のある方に連れて行きました。
　　すると、二人は大きな野菜畑にたどり着きました。あっちの畑でも、こっちの畑でも、いろんな野菜達がすくすくと育っていました。

K:「ここなら君の体の具合を全部よくしてあげられるよ！」

G:熊さんはそう言って、畑の中にいるトマトちゃんに声をかけました。

【場面5】

K:「トマトちゃん、トマトちゃん。まもる君がお散歩の途中でけがをしてしまったんだ。君の力で治してあげてくれないかい？」

T:「は～い、私トマト！　いいわよ！　私にはあなたの体の中を丈夫にするパワーがあるのよ。私の力をあげましょう」

M:「ええっ！　トマトちゃんには悪いけど、僕、いつもトマトを食べると口の中でぐちゃっとしてあんまり好きじゃないんだよなー」

T:「そんなこと言わずに、思いきって食べてみて！」

M:「うーん… じゃあわかったよ～。トマトちゃんのパワーをいただきまぁす」

G:トマトちゃんから力を受け取ると、まもる君は体の中がどんどん強くなっていくのを感じ、何と足のケガもきれいに治っていきました。

M:「うわあ！　トマトちゃん、君ってとってもおいしいね！　それになんだか体の中から強くなった気がするし、ケガも治っちゃった。どうもありがとう」

【場面6】

G:クマさんはまもる君に聞きました。

K:「まもる君、体の具合はどうだい？」

M:「ひざのけがは治ったけど、まだ体が寒いし、鼻水もでるよう！」

G:それを聞いた熊さんは、隣の畑にいるピーマン君に声をかけました。

【場面7】

K:「ピーマン君、ピーマン君。まもる君がお散歩の途中で風邪をひいてしまったみたいなんだ。君の力を分けてあげてくれないか？」

P:「いいとも！　僕には、君の体を病気から守る力があるんだよ。ぼくの力をあげよう！」

M:「ええっ！　僕、ピーマンは苦くて嫌いなんだよなー。どうしても食べなきゃダメ？」

P:「そういわないで、だまされたと思って食べてごらんよ！」

M:「そうだね…食べないと具合がよくならないよね。わかった！　ピーマン君のパワーもいただきます」

G:ピーマン君から力をもらうと、まもる君の体の寒気はどこかへ行ってしまいました。

M:「うわあ！　ピーマン君もこんなにおいしかったんだね！　もう寒くないよ。体から風邪のばい菌がいなくなったみたい！　どうもありがとう！」

【場面8】

K:「まもる君、よかったね。野菜を食べればこんなにたくさんの力を野菜達からもらえるんだよ。お菓子ばかり食べるのをやめて、お母さんが作ってくれるおかずもちゃんと食べようね」

G:熊さんは言いました。

M:「うん、よくわかったよ。熊さん、教えてくれてありがとう！　僕、これからも野菜をいっぱい食べて、もっと強くなるよ！」

G:熊さんと野菜たちのおかげで、まもる君はすっかり元気になりました。帰り道のまもる君の足取りはとっても軽やかでした。

M:「なんだかとっても体が楽だなあ！　きっと野菜達からパワーをいっぱいもらったからだね！　ああ～何だかお腹が空いちゃった。もっと野菜を食べたくなったなあ！　お家に帰ったら、お母さんに野菜をたくさん使ったお昼ご飯を作ってもらお～っと！」

【場面9】

M:「ただいま！」

G:まもる君がお家に帰ると、お母さんがお昼ごはんの準備をしていました。

H:「おかえりなさい！」

M:「ねえねえお母さん！　ぼく、森の中で熊さんに教えてもらったんだ。野菜にはいろんな力があるんだって。ぼく、お昼ご飯に野菜をいっぱい食べたいな！」

G:まもる君はそうお母さんに頼みました。

H:「まあ、まもる！　ちゃんと野菜を食べる気になったのね。じゃあ、美味しいおかずを作ってあげましょうね」

【場面10】

G:すると、おかずに出てきたのはトマトのサラダと、ピーマンハンバーグと、茄子のお味噌汁でした。
　　まもる君は、熊さんと野菜たちの言葉を思い出し、おかずをきれいに食べました。

M:「ああ、おいしかった！」

G:どの野菜も、とっても美味しく感じました。

H:「まあ、まもる。きれいにたべてえらいわね！」

G:お母さんは笑顔でほめてくれました。

M:「野菜にはいろんな力があるんだね。僕、よくわかったよ。おかあさん、これからも野菜をいっぱい食べさせてね！」

G:こうして、まもる君は野菜が大好きな男の子になり、元気に毎日を過ごしましたとさ。
　　―おしまい♪―

「作成フォーマット」 ダウンロードの方法

「理工図書」ホームページより
(1) 書籍検索中の書籍タイトルに「実践に役立つ栄養指導事例集」を入力し検索をクリック
(2) 追加情報タブをクリック
(3) 「作成フォーマット」が表示されますのでクリックしてください。

Ⅰ 個別栄養指導 作成フォーマット

■個別栄養指導テーマ：

1. 栄養アセスメント　　　　　　　　　※記載項目は対象者に応じたものとする

作成日：　　年　　月　　日　　　**相談者氏名：**　　　　　　　　　**性別：**　　　　**年齢**　　**歳**

分類	項目と詳細		
臨床診査			
身体計測			
臨床検査			
栄養・食生活等			
生活習慣			
その他			

【栄養状態の判定】　※簡単な短文で、「PES 報告書」を記載する（S・E・P の順で）。

2. 初回栄養指導 　　※行動変容ステージ「　　　　期」から「　　　　期」への支援

・場所： 　　　　　　　　　　　　　・指導時間： 　　分

　　＜指導（はたらきかけ）のポイント＞ 　　※下表の「対象者の活動の流れ」と対応させる

①

②

・

・

・

時間	対象者の 活動の流れ	指導（はたらきかけ）	留意点（◎）、教材（＊）
分			
分	①		
	②		
	③		
	④		
	⑤		
分			

3. 2回目栄養指導（初回から　　　後）　　※行動変容ステージ「　　期」から「　　期」への支援

・場所：　　　　　　　　　　　　　　・指導時間：　　分

＜指導（はたらきかけ）のポイント＞　　※下表の「対象者の活動の流れ」と対応させる
　　①
　　②
　　・
　　・

時間	対象者の 活動の流れ	指導（はたらきかけ）	留意点（◎）、教材（＊）
分			
分	①		
	②		
	③		
	④		
分			

Ⅱ 集団栄養指導　作成フォーマット

■集団栄養指導テーマ：

1. 概要
　・対象者：
　・主　催：
　・担　当：

2. 栄養アセスメント　　　※項目は、対象者に応じて変更する

臨床診査		
身体計測		
臨床検査		
栄養・食生活	食事摂取状況	
	食知識・食スキル	
	食態度・食行動	
	食環境	
その他		

3. 課題の抽出と優先課題の検討

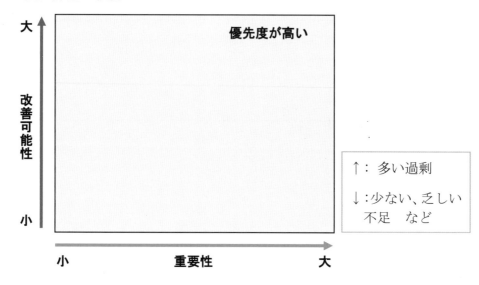

※抽出した課題について、状況を↑↓で示す

4. 全体計画　　※目標数、評価指標の数は、対象者の状況に応じて調整のこと

目標	評価指標	《評価方法》
1 【実施目標】実施に関する目標		
	1)	
2 【学習目標】知識の習得、態度の変容、スキル形成に向けての目標		
	2-1) 2-2) 2-3) 2-4)	
3 【行動目標】行動形成または修正し、行動変容に発展させる目標		
	3)	
4 【環境目標】食環境づくりに関する目標　　（栄養情報の提供、減塩食の提供等）		
	4)	
5 【結果目標】学習プログラムの最終的な目標　　（QOL、身体状況、生化学データ等）		
	5)	

※目標番号、評価指標の項目番号を下表の対応するセルの中に書き込む

5. カリキュラム

回数	学習内容（学習の主題）	学習形態	目標番号	評価指標	スタッフ
1回目					
2回目 週間後					
3回目 週間後					

6. 指導案　　《カリキュラム　　回目》　　　（実施時間：　　　　分）

	学習者の活動	指導者の働きかけ （予想される学習者の反応）	留意点（◎）、教材（＊）、 評価（☆）
導入 　　分			
展開 　　分		※【説明】、【発問】、【指示】、【確認】などの枠組み 　で記載する	
	学習者の活動	指導者の働きかけ （予想される学習者の反応）	留意点（◎）、教材（＊）、 評価（☆）

まとめ 分			

改訂　実践に役立つ**栄養指導事例集**

2018年1月11日　初版第1刷発行
2019年9月20日　初版第2刷発行
2023年2月13日　改訂1版第1刷発行

編著者 　井　川　聡　子
　　　　　斎　藤　トシ子
　　　　　廣　田　直　子

発行者　柴　山　斐呂子

発 行 所　**理工図書株式会社**

〒102-0082　東京都千代田区一番町27-2
電話 03（3230）0221（代表）
FAX03（3262）8247
振替口座　00180-3-36087番
http://www.rikohtosho.co.jp

© 井川聡子、斎藤トシ子、廣田直子　2018 Printed in Japan ISBN978-4-8446-0925-4
印刷・製本　丸井工文社